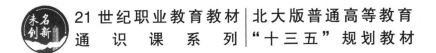

21世纪职业教育教材 北大版普通高等教育
通 识 课 系 列 "十三五"规划教材

数码摄影技术

（第二版）

主　编　黄启智

副主编　柯　真

北京大学出版社
PEKING UNIVERSITY PRESS

内 容 简 介

本书是数码摄影教学的基础教材，内容完备，实用性强。本书共设置了十三个学习情境，包括数码相机的技术指标、数码相机与镜头的种类、数码相机的常用装置、数码相机的使用、摄影曝光、摄影构图、摄影景深、摄影技巧、天体摄影与旅游摄影、舞台摄影与体育摄影、新闻摄影与广告摄影、写真摄影与主题摄影、手机摄影等内容。其中，数码相机操作训练、摄影景深的运用训练、摄影技术训练等实训内容是本书的特色内容。

本书既可作为高职高专相关专业摄影教学的教材，也可作为摄影选修课教材，还可作为摄影爱好者的参考用书。

图书在版编目（CPI）数据

数码摄影技术 / 黄启智主编 . —2 版 . —北京：北京大学出版社， 2020.8
21 世纪职业教育教材 . 通识课系列
ISBN 978－7－301－31072－4

Ⅰ . ①数… Ⅱ . ①黄… Ⅲ . ①数字照相机 – 摄影技术 – 高等职业教育 – 教材
Ⅳ . ① TB86 ② J41

中国版本图书馆 CIP 数据核字（2020）第 006715 号

书 名	数码摄影技术（第二版）
	SHUMA SHEYING JISHU（DI-ER BAN）
著作责任者	黄启智 主编
责 任 编 辑	吴坤娟
标 准 书 号	ISBN 978-7-301-31072-4
出 版 发 行	北京大学出版社
地 址	北京市海淀区成府路 205 号 100871
网 址	http://www.pup.cn 新浪微博：@ 北京大学出版社
电 子 邮 箱	编辑部 zyjy@pup.cn 总编室 zpup@pup.cn
电 话	邮购部 010-62752015 发行部 010-62750672 编辑部 010-62756923
印 刷 者	三河市北燕印装有限公司
经 销 者	新华书店
	787 毫米 ×1092 毫米 16 开本 11.25 印张 252 千字
	2011 年第 1 版
	2020 年 8 月第 2 版 2023 年 9 月第 3 次印刷
定 价	49.00 元

第二版前言

摄影是人们通过镜头观察世界的方式。摄影能反映社会现实生活，是记录自然和社会现象的一种形象化手段，也是人们表达思想、情感的一种方法。摄影不受语言、民族、文化等因素的限制，是一种视觉语言，能帮助人们形象真实地了解社会、理解生活。目前，摄影已成为文化艺术、科学技术交流以及展现各民族人民之间友好交往的手段之一。

随着科技进步和人们生活水平的提高，摄影技术越来越受到社会的重视，并广泛地应用于社会生活的方方面面。

摄影作为一门通识课已在许多高等院校开设。学生通过学习摄影课程，不仅能掌握必备的摄影基本知识和基本技能，而且也能受到较为全面的审美教育。

党的二十大报告强调："全党要把青年工作作为战略性工作来抓，用党的科学理论武装青年，用党的初心使命感召青年，做青年朋友的知心人、青年工作的热心人、青年群众的引路人。"《数码摄影技术》（第二版）中，编者将文化与学生综合素养培养结合、将教材与育人结合，在书中融入反映学校生活的作品、学生实践作品等，在传授摄影知识的同时，提高学生对自然美、社会美、艺术美的感受和表现能力。

《数码摄影技术》（第二版）立足于数码摄影基础知识和基本技能，全面介绍数码摄影的基本知识、基本技术和技巧，是一本集科学性、系统性、知识性为一体的，具有很强实用性的教材。

《数码摄影技术》于2011年首次出版，2020年进行修订，出版第二版。北京大学出版社、福建漳州职业技术学院人文社科系徐明炜老师、黄炜老师等对本书的修订改版给予了极大的支持和帮助，在此一并表示诚挚的谢意。

本书由黄启智担任主编，柯真担任副主编。虽是根据二十多年教学经验精心撰写而成，但限于编者水平，书中难免有不妥之处，恳请读者直言赐教，批评指正。

作 者
2023 年 9 月

目　录

绪　论

　　摄影是反映现实生活、记录社会和自然现象的一种手段，也是人们表达思想、情感的一种方法。在当今社会，无论是在新闻报道、宣传教育中，还是在科学研究、旅游等方面，摄影都得到了广泛的应用。

　　欧洲文艺复兴时期，作家德拉罗修于 1760 年出版的科学幻想小说《基凡提》里描述过这样的幻想：为了把一种会消失的影像固定住，人们制造出一种非常不可思议的奇妙物质，利用其黏性马上把影像固定下来再晾干，用这种方法，在一瞬间就可完成一幅画。把这种物质涂在画布上，要描绘时就对准目的物，这时画布就会有类似镜子的作用。然而这种画布和玻璃不同，它能够把影像留在上面。影像被印在画布上是一瞬间的事，只要这一瞬间过去之后，就把画布上放进某一黑暗的地方，然后再经过一个小时，印在画布上的影像就干了。这个过程与现代摄影的过程非常相似。

　　1816 年，法国发明家尼埃普斯制作出了世界上第一架照相机，但当时还没找到记录摄影影像的感光材料。1826 年，他终于找到了能记录摄影影像的感光材料，因此拍摄出了一幅至今仍保存完好的世界上最早的照片，名为"日光绘画"。这幅照片在日光下曝光整整八个小时，才获得了正确的曝光，但由于需要曝光的时间太长，这种感光材料无法得到推广。直到1839 年，才产生了有实际应用价值的感光材料——银版法。1839 年 8 月19 日，法国学术院举行的一次科学院与美术联席会议上，公布了画家、物理学家达盖尔的银版法的摄影术的正式诞生。

　　摄影作品是通过一定的造型形式表达一定的内容，因此拍摄者必须调动一切摄影手段，探索画面的构图处理与光线处理等，加强照片的艺术表现力。同一主题，同一条件，甚至用同样的相机，两人拍下的照片在质量

上可能完全不同。这一切取决于拍摄者的艺术素养。也就是说，摄影作品的质量并不在于运用哪些技术手段，而在于怎样去利用技术手段进行拍摄，使摄影作品能充分地表达主题。摄影具有以下几个特性。

一、纪实性

摄影的魅力来自于它的技术特性——科学纪实。摄影能"凝固"时间，把人们生活和工作中发生的一瞬间"凝固"下来，成为永久的记录。在摄影报道中，摄影技术的纪实特性使新闻照片具有新闻现场形象纪实的特点，具体体现为：第一，在新闻报道中用新闻照片作为辅助，使读者觉得更加真实可信；第二，用照片形象报道新闻，大大满足了人们"百闻不如一见"的愿望；第三，新闻照片通俗易懂，一般都能看懂；第四，在现代科学技术条件下，新闻照片通过网络传播，传播速度快，受众面广。

摄影的纪实魅力还在于人们可以通过摄影来记录人生、记录瞬间、记录事实、记录形象等。

二、瞬间性

摄影具有表现运动的"一刹那"并将艺术形象呈现在静止的形式之中的特性，即它是通过静止的两维空间形式，以具体、实在、直观的瞬间形象，向人们传递特定的信息，或者以光线、色彩、影调、构图为造型语言，以具体可视的、个别典型物态再现客观现实。

摄影是以客观事物运动的瞬间状态再现生活、再现形象的一种艺术手段。它记录了事物运动发展过程的某一瞬间，也就是这"某一瞬间"产生了瞬间摄影艺术。

这里的瞬间有两个方面的含义：一是指拍摄时的瞬间，即摄影是在按下快门的一刹那间完成的。许多珍贵的瞬间，有优美的、难忘的、生动的、具有代表性的一瞬间，是可遇而不可求的，而一旦按下快门，画面形象即固定下来。二是指摄影只能表现客观现实生活中的一个瞬间，我们可以通过这个瞬间来记录事实和生活，刻画人物，表达主题。

三、选择性

选择，对拍摄者来说就是在纷繁芜杂的现实生活中选择有思想内涵的艺术典型，通过选择来实现艺术典型的创造。这里的选择包括题材的选择、拍摄时机的选择、拍摄技术的选择、处理方式的选择等。

学习情境一
数码相机的技术指标

数码摄影是数字技术发展到一定阶段的产物。数码摄影系统通过运用数码信息处理手段，在影像的摄取、制作与运用等方面都呈现出独特的魅力。

数码相机作为计算机图像的输入设备之一，随着技术的发展，很快成为主流影像设备。与传统的摄影相比，数码摄影具有如下优势： 第一，拍摄时不用胶卷，用感光器件记录影像信息，处理加工时无须暗房环境；第二，即拍即得，可随时浏览照片，删除拍得不好或多余的照片，并及时补拍所需照片；第三，冲洗无须化学药品，不污染环境；第四，影像处理快捷多样，可以灵活地对图像进行特技加工，并输入文字；第五，影像复制、保存和传输方便，且可通过手机、电脑和投影仪等多种途径播放。由于科技的不断发展，数码相机的价格不断下降，图像质量不断提高，这就使得数码相机的优势越来越明显。

项目一　感光器件与像素

 任务一　感光器件

任务导入	传统的相机使用胶卷作为记录信息的载体，而数码相机是使用感光器件记录影像信息的。感光器件是数码相机的"心脏"，是数码相机的核心，也是其最关键的技术所在。
任务目标	认识感光器件。

感光器的发展方向，可以说就是数码相机的发展方向。目前数码相机的核心成像部件有两种：一种是广泛使用的 CCD（Charge Coupled Device，电荷耦合器件）；另一种是 CMOS（Complementary Metal Oxide Semiconductor，互补性氧化金属半导体）。

一、CCD

CCD 主要是由一个类似马赛克的网格、聚光镜片以及垫于最底下的电子线路矩阵组成（如图 1-1 所示）。和传统底片相比，CCD 更接近于人眼的工作方式。只不过，人眼的视网膜是由负责光强度感应的杆细胞和色彩感应的锥细胞分工合作组成视觉感应。

图 1-1　CCD 实物图

目前，数码相机使用的 CCD 主要有两种类型，分别是线性 CCD 和矩阵式 CCD。

线性 CCD 用于高分辨率的静态相机，它每次只拍摄图像的一条线，这与平板扫描仪扫描照片的原理相同。这种 CCD 精度高，速度慢，无法用来拍摄移动的物体，也无法在拍摄时使用闪光灯。

矩阵式 CCD 的立体成像效果优于线性 CCD，具有很强的色彩表现力。它的每一个光敏元件代表图像中的一个像素，当快门打开时，整个图像一次同时曝光。在记录照片的过程中，相机内部的微处理器从每个像素获得信号，将相邻的四个点合成为一个像素点。该方法允许瞬间曝光，微处理器能运算得非常快。但因为不是同点合成，其中包含着数学计算，因此这种 CCD 最大的缺陷是所产生的图像总是无法达到如刀刻般的锐利。

二、CMOS

CMOS 和 CCD 一样可以作为数码相机中的影像传感器（如图 1-2、图 1-3 所示）。CMOS 的制造技术和一般计算机芯片没什么差别，在 CMOS 上共存着带 N 和 P 级的半导体，它们的互补效应所产生的电流可被处理芯片记录和解读成影像。CMOS 中的每个感光器件都可以最终的数字影像信号输出，所得的数字信号合并之后被直接输送到影像处理单元处理，最终输出一幅影像画面。然而，CMOS 的缺点就是太容易出现杂点，这主要是由于早期的设计使 CMOS 在处理快速变化的影像时，电流变化过于频繁而产生过热现象造成的。

图 1-2　CMOS 实物图 1　　　　　　图 1-3　CMOS 实物图 2

任务二　像素与分辨率

任务导入	数码相机拍摄的图像的绝对像素数取决于相机内感光器件芯片上光敏元件的数量。
任务目标	理解分辨率、像素的概念；懂得数码相机像素与分辨率的选择；懂得数码相机内存的存储能力与分辨率有何关系；懂得照片尺寸大小的选择。

一、像素

在数码相机诞生之初，像素对不少人来说都是一个全新的名词。

像素是指在由一个数字序列表示的图像中的一个最小单位。单位面积内的像素越多，分辨率就越高，图像的效果就越好。数码相机的像素分为最大像素和有效像素。

1. 最大像素

所谓的最大像素是经过插值运算后获得的。插值运算通过设在数码相机内部的DSP芯片进行，在需要放大图像时用最临近法插值、线性插值等运算方法，在图像内添加图像放大后所需要增加的像素。插值运算后获得的图像质量无法与真正感光成像的图像相比。

最大像素，也直接指CCD/CMOS感光器件的像素。在设置数码相机图片分辨率的时候，的确也能设置最高像素，但这是通过数码相机内部运算而得出的值，在打印照片的时候，其画质的减损会十分明显。

2. 有效像素

有效像素是指真正参与感光成像的像素值。最大像素的数值是感光器件的真实像素，这个数据通常包含了感光器件的非成像部分，而有效像素是在镜头变焦倍率下所换算出来的值。以美能达的DiMAGE7为例，其CCD最大像素为524万，因为CCD有一部分并不参与成像，有效像素只为490万。

像素值越大，照片的面积越大。要增加一张照片面积的大小，如果没有更多的光进入感光器件，唯一的办法就是把像素的面积增大，这样一来，可能会影响照片的锐力度和清晰度。所以，在像素面积不变的情况下，数码相机能获得的最大照片像素，即为有效像素。

3. 数码相机的像素设置

我们可以根据自己希望冲印照片的大小设置数码相机的像素（如表1-1所示）。例如，如果希望数码照片冲印为一般规格5R，即5×7英寸，那么设置为200万像素就足够了。

表 1-1　像素设置与冲印照片尺寸对照表

像素设置	照片文件最低分辨率（像素）	可冲印最佳照片尺寸
5M（500 万像素）	2592×1944	＞ 12R（12×18 英寸）
4M（400 万像素）	2272×170	8R（8×10 英寸）
3M（300 万像素）	2048×1536	5R（5×7 英寸）
2M（200 万像素）	1600×1200	5R（5×7 英寸）
1.5M（150 万像素）	1280×1024	4R（4×6 英寸）
1M（100 万像素）	1280×960	3R（3×5 英寸）

　　目前市面上常用的数码相机像素数通常已超过一千万像素，而专业数码相机已达几千万像素。数码相机像素设置得越高，拍出的照片在不失真情况下可冲印的最大尺寸也越大，不过从照片清晰度来说，300 万像素以上的数码照片彼此没有差异。因此，为了节约数码相机存储卡的空间，我们在旅游拍摄时并不一定要设置最大像素。比如用 600 万像素的数码相机进行拍摄时，可以设置为 200 万像素，这样存储卡就可以存储更多数量的照片了。

　　二、分辨率

　　分辨率是数码相机最重要的性能指标。数码相机的分辨率标准与显示器类似，以图像的绝对像素数作为衡量标准。分辨率是用于度量图像内数据量多少的一个参数，通常用 ppi（Pixel Per Inch，每英寸像素）和 dpi（Dots Per Inch，每英寸所表达的打印点数）来表示，其值越高，所打印出来的照片就越细致与精密。数码相机拍摄的照片的绝对像素数取决于相机内 CCD 芯片上光敏元件的数量，数量越多则分辨率越高，所拍摄图像的质量也就越高。当然，相机的价格也会大致成正比地增加。

　　分辨率通常分为以下几种：VGA（Video Graphics Array）分辨率为 640×480，这意味着"电子胶卷"的横向有 640 个 CCD 光敏元件，共有 480 行；XGA（Extended Graphics Array）分辨率为 1024×768；分辨率 1280×960（对应像素为 1M）；分辨率 2048×1536（对应像素为 3M）；分辨率 2592×1944（对应像素为 5M）。

　　分辨率是数码相机的一个重要参数，其数值大小将直接影响最终图像显示的质量，同时还直接决定了打印出的照片的大小。分辨率越高，在同样的输出质量下，可打印的照片尺寸越大。VGA 分辨率可打印的照片尺寸约为 3×5 英寸，适用于将影像作为附件添加到电子邮件或用于制作网页；XGA 分辨率可打印的照片尺寸为 5×7 英寸，如打印尺寸超过这一范围，则图像质量会下降；拍摄大量影像时可设置 1M 或 3M 像素对应的分辨率；拍摄重要的影像时可设置为 5M 像素对应的分辨率，此分辨率可打印出 A4 大小的或精细的 A5 大小的照片。

　　照片的分辨率越高，照片的尺寸和"体积"将越大。数码相机采用存储卡作为存储设备，为了保存更多的照片，就必须拥有多张存储卡，因此为了合理地使用存储卡，就得为照片选择合适的分辨率。表 1-2 展示了精细／标准模式下，不同容量存储卡可存储的照片数量（拍摄模式：普通）。

表 1-2　精细／标准模式下不同容量存储卡可存储的照片数量

照片分辨率	存储卡					
	32MB 存储卡	64MB 存储卡	128MB 存储卡	256MB 存储卡	512MB 存储卡	1GB 存储卡
5M 像素对应分辨率	12/23	25/48	51/96	92/174	188/354	384/723
3M 像素对应分辨率	20/37	41/74	82/149	148/264	302/537	617/1097
1M 像素对应分辨率	50/93	101/187	202/376	357/649	726/1320	1482/2694
VGA 分辨率	196/491	394/985	790/1975	1428/3571	2904/7261	5928/14821

1. 高分辨率的选择

分辨率是影响照片效果的重要因素，一般用水平和垂直方向上所能显示的像素数来表示分辨率，如用 2048×1536 表示。如果拍摄者是专业摄影师，那么在拍摄时应选择最高分辨率。虽然这样会占用大量的存储空间，在存储时也需要一定的时间，但是这些换来的是精美的照片，一切都是值得的，并且大的照片给后期处理留有足够大的空间。

出版物对于照片也有很高的要求，一般对于照片分辨率的最低要求为 300 dpi，也就是至少为 2592×1944，当然这个设置也不是唯一的，还要依据版面上照片的大小以及印刷线数综合考虑。

2. 普通分辨率的选择

如果拍摄的照片只是用于网页制作，那对于分辨率的要求就低多了。640×480 的分辨率就可以满足大多数情况下的需要，而 1024×768 的分辨率则足以满足后期润色、切裁等操作的需要了。同样，若所拍摄的照片只是存于电脑中观看，以上分辨率也可以满足要求。需要注意的是，照片分辨率的大小至少要达到显示器的分辨率，或者更高。如果你所拍摄的照片将来是要放在投影仪上进行播放的，那么照片的分辨率不能低于投影仪的分辨率。

3. 冲印照片分辨率的选择

并不是所有人都习惯仅在电脑上观看照片，有些人还是喜欢传统的照片形式，那么就需要更高的分辨率。表 1-1 列出了常用的冲洗尺寸和对应的最低分辨率。

表 1-1 还列出了数码相机的像素设置与可冲印最佳照片尺寸对照，我们可以根据自己的需要来选择冲印照片的尺寸。一般来说，选择比最低分辨率高一到两挡是合理的做法。对于生活照及旅游纪念照，一般输出照片的尺寸在 5×7 英寸以下，最佳分辨率为 2048×1536（对应像素为 300 万像素）。实际上无论是利用数码彩扩还是彩色打印机输出，所冲洗出来的 200 万像素的照片和传统相机照出来的照片已没有什么区别，

当然这只是对于普通用户来说。因此，如果存储空间有限，设置为 200 万像素进行拍摄也是可以满足日常需要的。

从表 1-1 可以看出，如果希望自己的数码照片冲印为一般规格（目前主流数码冲印尺寸为 5R，即 5×7 英寸），那么 200 万～ 300 万像素就已经足够。当然，300 万像素最大可冲印 10R 的照片，但效果略差一点。如果数码照片只是用于电脑上浏览或者发布到网站上，那么 100 万像素的设置也足够了。随着数码相机存储卡容量的增加，一般 512 MB 的存储卡通常可以存储 400 多张 300 万像素的照片，如果考虑冲印效果，设置为 300 万像素是比较合理的。

项目二　常用技术指标

任务一　图像格式与变焦

任务导入	数码相机的照片存储格式有多种，我们应能根据需要来选择；应能区分数码相机中的光学变焦与数字变焦。
任务目标	懂得如何选择照片存储格式，掌握相机变焦的使用方法。

一、图像格式

数码相机提供了多种照片的存储格式，如 JPEG 格式、TIFF 格式、GIF 格式、FPX 格式、RAW 格式等，基本可以满足不同用户的需要。

1. JPEG 格式

JPEG 格式的文件扩展名是 .jpg。JPEG 格式是一个可以提供优异图像质量的压缩格式。相机设置为 JPEG 格式时所拍摄的照片在相机内部通过影像处理器已经加工完毕，可以直接出片。而且，在大部分数码相机中，这个"加工"功能还是很出色的，可以说 JPEG 格式是一个值得信任的格式。虽然 JPEG 格式是一种有损压缩格式，一般情况下，只要不追求图像过于精细的品质，JPEG 格式还是有诸多优势的。所谓压缩，即 JPEG 格式获得一个图像数据时，通过去除多余的数据，减少文件大小，在压缩过程中丢掉的原始图像的部分数据是无法恢复的。JPEG 格式通常压缩比率在 10 ∶ 1 至 40 ∶ 1，这样就可以节省很大一部分存储卡的空间，而且加快了照片存储的速度，同时也加快了连续拍摄的速度，所以 JPEG 格式广泛用于新闻摄影。如此之多的好处，对于大多数人来说，低压缩率（高质量）的 JPEG 格式是一个不错的选择。

2. TIFF 格式

TIFF 格式的文件扩展名是 .tif。TIFF 格式是一种非失真的压缩格式（最高 2 ～ 3 倍的压缩比）。这种压缩是对文件本身的压缩，即把文件中某些重复的信息采用一种特殊的方式记录下来，文件可完全还原，并能保持原图像的颜色和层次。TIFF 格式的优点是图像质量好，兼容性比 RAW 格式高，但占用空间大。

3. GIF 格式

GIF 格式的文件扩展名是 .gif。GIF 格式也是一种压缩格式，在压缩过程中，图像的像素信息不会被丢失，但图像的色彩全丢失。GIF 格式最多只能存储 256 色，所以通常用来显示简单图形及字体。一些数码相机提供一种名为 Text Mode 的拍摄模式，这种模式下拍摄的照片就可以存储成 GIF 格式。

4. FPX 格式

FPX 格式的文件扩展名是 .fpx。这是一种拥有多重分辨率的图像格式，即图像被存储成一系列高低不同的分辨率。这种格式的优点是当图像被放大时仍可保持图像的质量。另外，修改 FPX 格式的图像时，只有修改的部分会被处理，而不会影响到整个图像，从而降低了处理器的负担，图像处理时间也较少。

5. RAW 格式

RAW 格式是未经处理，也未经压缩的格式。我们可以把 RAW 格式概念化为"原始图像编码数据"，或更形象地称为"数码底片"，将其比作"底片"是因为要想通过"底片"获得完美照片，是需要后期"电子暗房"工作支持的。像 TIFF 格式一样，RAW 格式是一种"无损失"的格式，对于 500 万像素的数码相机，一个 RAW 格式的文件保存了 500 万个点的感光数据，而 TIFF 格式的文件在相机内部就被处理过，就好比说 SONY 相机以色彩艳丽著称，富士相机在人像色彩把握上很"稳重"等，这些都是影像处理器对色彩特别处理的结果。而 RAW 格式则是"原汁原味"未经处理的数据，JPEG、TIFF 等格式的图像是数码相机在 RAW 格式文件基础上，调整白平衡和饱和度等参数而生成的。

越来越多的数码相机已可以设置成 RAW 格式进行拍摄，RAW 格式的图像是"毛坯"，相机只会记录 ISO、快门、光圈、焦距等数据，其他设置对 RAW 格式的图像一律不起作用，我们可以在电脑中使用 Photoshop CS8.0 打开 RAW 格式的图像，任意地调整色温和白平衡，进行类似"暗房"的创造性操作，而且不会造成图像质量的损失，保持了图像的品质。设置为 RAW 格式时，相机通过场景拍摄，并未对所拍摄的图片进行任何加工，且保存了完整的数据。RAW 格式的图像能够给每个像素点更深的数字深度，为拍摄者的创作保留了很大的空间，拍摄者可通过后期对图像色彩调节，提高整张照片的图像色彩质量，且 RAW 格式的文件大小也只有相对应 TIFF 格式文件的一半左右，从存储空间上来说要比 TIFF 有明显的优势。

二、光学变焦与数字变焦

什么是光学变焦？什么是数字变焦？对拍摄者来说，光学变焦和数字变焦是必须要了解的内容，只有这样，才能更好地选择数码相机。

1. 光学变焦

光学变焦是指数码相机依靠光学镜头结构来实现变焦。数码相机的光学变焦方式与传统 35 mm 机械照相机差不多，就是通过镜片移动来放大或缩小需要拍摄的景物，光学变焦倍数越大，所能拍摄的景物就越远。光学变焦是通过镜头、物体和焦点三方的位置变化而实现的。当成像面在水平方向运动的时候，视觉和焦距就会发生变化，远处的景物变得更清晰，让人感觉自己在向景物靠近。光学变焦是利用不同镜头组的组合，产生焦距变化，从而达到将远方景物的光线拉近至相机内的目的，且画质不失真（如图 1-4 所示）。

图 1-4　光学变焦

一般的数码相机，光学变焦倍数在 2 ～ 5 倍，而专业数码相机的镜头较长，内部的镜片和感光器移动空间更大，所以变焦倍数也更大，可达到 10 倍的光学变焦效果。

2. 数字变焦

数字变焦是数码相机独有的功能。数字变焦是利用近似于数字影像软件中的"剪裁"功能，对中心影像做一格放大的动作（如图 1-5 所示）。

照片原大　　　　　　2.0倍　　　　　　　3.5倍

图 1-5　数字变焦

与光学变焦不同，数字变焦是感光器件垂直方向上的变化，给人以变焦效果。景物的图像在感光器件上所占的面积越小，那么我们看到的景物的局部面积就越小。但是由于焦距没有变化，所以图像质量相对于正常情况而言较差。

数码相机的变焦倍数一般是用光学变焦倍数表示的，但有的数码相机的变焦倍数却是用光学变焦倍数乘以数字变焦倍数所得到的数字来表示。例如，Sony DSC-F717 的光学变焦为 5 倍，数字变焦为 2 倍，那么它的最大变焦倍数就是 10 倍。我们在选择数码相机产品的时候应注意其光学变焦能力，而数字变焦因为可以通过后期软件处理得到，所以并不需要做太多考虑。

 任务二　白平衡

任务导入	白平衡是数码相机对白色物体的还原，在不同的光照条件下选择不同的白平衡模式拍摄，获得的照片效果不一样。
任务目标	认识白平衡的概念，掌握白平衡的模式选择和使用。

用传统胶片机相拍摄时，色温问题不容易掌握，我们通常是根据不同的色温情况选择不同的胶卷。胶卷有日光型、灯光型和日光、灯光混合型，当然也可用多种色温滤镜转换的方法来调整，但操作起来较复杂。数码相机的白平衡装置就是根据色温的不同，调节感光材料的各个色彩感应强度，从而使色彩平衡。白色的物体在不同的光照下人眼都能把它确认为白色，所以白色就作为确认其他色彩是否平衡的标准，或者说当白色正确地反映成白色时，其他的色彩也就正确了、平衡了。这就是白平衡（White Balance）的含义。

白平衡是一个非常重要的概念。所谓白平衡，就是数码相机对白色物体的还原。当我们用肉眼观看这大千世界时，在不同的光线下，对相同的颜色的感觉基本是相同的。比如在早晨旭日初升时，我们看一个白色的物体，感觉它是白的；而我们在夜晚昏暗的灯光下，看到的白色物体，感觉它仍然是白的。这是由于人的大脑已经对不同光线下的物体的色彩还原有了适应性，也就是进行了修正。但是，数码相机没有人眼的适应性，在不同的光线下，由于 CCD 或 CMOS 输出的不平衡性，造成数码相机色彩还原失真。

不同的光线，其色温是不同的。色温是摄影领域的一个重要概念，对于数码相机而言就是白平衡的问题，这也是让很多摄影爱好者比较烦恼的环节。在不同的光线状况下，目标物的色彩会产生变化。其中，白色物体变化得最为明显：在室内钨丝灯光下，白色物体看起来会带有橘黄色色调，在这样的光照条件下拍摄出来的景物就会偏黄；但如果是在蔚蓝的天空下，拍摄出来的白色景物会偏蓝。为了尽可能减少外来光线对目标物颜色造成的影响，在不同的色温条件下都能还原出被摄目标物本来的色彩，就需要数码相机对色彩进行校正，以达成正确的色彩平衡，这就是白平衡调整。常见光源的色温情况如表 1-3 所示。

表 1-3　常见光源的色温

光源种类	光源情况	色温 / K
自然光	日出和日落时无云遮日的阳光	2000 左右
	日出后和日落前半小时无云遮日的阳光	3000 左右
	日出后和日落前 1 小时无云遮日的阳光	3500 左右
	中午前后 2 小时无云遮日的阳光	5500 左右
	晴天有云遮日的阳光	6500 左右
	阴天天空的散射光线	7500 左右
	蓝天天空光线	10 000 左右

续表

光源种类	光源情况	色温 / K
人造光	电子闪光灯	5500 左右
	照相强光灯光	3500 左右
	1300 瓦碘钨灯光	3300 左右
	400～1000 瓦白炽灯光	2900 左右
	蜡烛光	1800 左右

　　由表 1-3 可知，在自然光下，蓝天的色温最高，日出和日落时无云遮日的色温最低；在人造光下，电子闪光灯的色温最高，蜡烛光的色温最低。数码相机预设了几种光源的色温，以适应不同的光源要求。一般家用数码相机有自动、白天、阴天、白炽灯、荧光灯等几种色温模式。在白天模式下，数码相机的白平衡功能会加强图像的黄色，所以当我们在晴天的室外拍摄时，可以把白平衡功能设定在白天模式。如果在室内拍摄，我们就要根据室内灯源来进行设定，一般分为荧光灯和钨灯两种。在荧光灯模式下，白色物体会出现蓝色；在钨灯模式下，数码相机的白平衡功能则会加强图像的蓝色，这时如果误把白平衡设定在白天模式，画面颜色会变得太黄。我们在拍摄的时候，只要设定为与环境相对应的白平衡模式，就可以实现自然色彩的准确还原。一般的数码相机还有自动白平衡设置，可以适应大部分光源色温条件。除了自动和手动白平衡以外，一些高级别的数码相机还提供了"白平衡包围"功能。一般来说，使用不同的白平衡模式拍摄出来的照片，色彩是不太一样的，拍摄者可以进行对比选择，使拍摄更加灵活。图 1-6 至图 1-12 所示的照片是在不同白平衡模式下室内拍摄的效果。

　　室外模式适用于晴天阳光充足时的室外，室内模式适用于用 60 W 左右钨丝灯泡照明的室内。这两种具有代表性的光线条件下的白平衡调整，并不能代表全部的室外和室内环境下的白平衡调整。因此，在一些特殊色温环境下进行拍摄时，我们还需靠手动来调整白平衡。

　　例如，在拍摄红彤彤的夕阳时，对着蓝色的参照物手动调节白平衡，可以拍摄出充满温暖气氛的画面。而如果把数码相机的白平衡设定在自动位置，数码相机会把夕阳的温暖色温误判成在室内环境下，因而会补偿画面的蓝色，减少红色，把夕阳原有的温暖气氛完全破坏了。相反，如果以红色的参照物手动调节白平衡，可以拍摄出蓝色的冷色调画面。

　　在超出自动白平衡调节范围的光线条件下，我们需要使用手动白平衡调节方式。进行手动调节前需要找一个白色参照物，如纯白的纸一类的东西。有些数码相机有自定义白平衡功能，进行摄影前只要对着白纸就可以进行白平衡的调整了。手动白平衡操作如下：

　　（1）把数码相机变焦镜头调到短焦位置；

　　（2）将白纸放置好；

　　（3）将把白平衡调到手动位置；

（4）把镜头对准晴朗的天空，注意不要直接对着太阳，拉近镜头直到整个屏幕变成白色；

（5）按一下白平衡调整按钮直到取景器中手动白平衡标志停止闪烁，这时白平衡手动调整完成。

图1-6　自动模式

图1-7　白炽灯模式

图1-8　白色荧光灯模式

图1-9　冷色荧光灯模式

图1-10　阴天模式

图1-11　自动模式

图1-12　阴天模式

任务三　感光度

任务导入	感光度高低影响拍摄时快门的速度，感光度越高，对光线越敏感，但同时也影响画面的质量，要能在不同的拍摄光线下选择不同的感光度。
任务目标	掌握感光度的调节。

在展览馆或比赛现场，我们经常会看到"禁止使用闪光灯拍摄"的标志，但关闭闪光灯拍摄，得到的经常是曝光不足或模糊的照片。在一些有反光物品存在的室内或者环境比较昏暗的场所，如果使用了闪光灯，拍摄对象所产生的反光会影响画面的质量。在这种情况下，要想得到较好质量的照片，我们可以通过改变感光度来实现。如图1-13所示的照片，拍摄此照片时感光度设置为ISO 1000。

图1-13　福建玉华洞

数码相机的感光度是通过调整感光器件的灵敏度或者合并感光点来实现的，也就是说是通过提升感光器件的光线敏感度或者合并几个相邻的感光点来达到提升感光度的目的。感光器件都有反应能力，其反应能力是固定不变的，因此提升数码相机的感光度，可以通过使用多个像素点共同完成原来只用一个像素点来完成的任务来实现。

使用传统胶卷时，我们是通过改变胶卷的化学成分来改变它对光线的敏感度的，而数码相机的感光器件是不变的，因此我们可以采用把几个像素点当成一个像素点来进行感光，以提高感光速度。这种方法是通过合并像素后感光，因此产生的噪点比较明显，这里的噪点是指CCD将光线作为接收信号接收并输出的过程中所产生的影像中的粗糙部分。如标准感光度ISO 100是对感光器件的每个像素点感光，要提高到ISO 200的感光度，只需要把两个像素点当成一个点来感光，就能获得两倍的感光度。如果要提高到 ISO 400 的感光度，依此类推，只要把四个像素点当成一个点来感光，便能获得四倍的感光度。

感光度对摄影的影响主要表现在两个方面：一是速度。更高的感光度能获得更快的快门速度，感光度越高，对光线越敏感。一般在拍摄运动物体或者弱光环境中的景物时，提高感光度，则拍摄的效果较好。二是画质。高感光度下的图像噪点较多，清晰度也下降，而低感光度下的图像噪点减少，画质细腻，但不适用于拍摄运动物体或者弱光环境中的景物。低感光度带来更细腻的成像质量，而高感光度则带来噪点较大的画质。数码相机中流行的"降噪功能"就是为了消减噪点而设计的。

在不使用闪光灯的情况下要拍摄出效果好的照片，一个简单的方法是通过调节感光度来实现。当然，如果提高 ISO 数值，会使得照片的颗粒感变得比较严重，这就需要拍摄者根据自己的需要灵活掌握了。在光线充足的条件下，如果想得到更好的拍摄效果，可以设置 ISO 100 的感光度；而在光线不足的条件下，可以设置 ISO 400 或更高的感光度。

思考题

1. 数码摄影与传统摄影比较具有什么优势？
2. 如何设置数码相机图像尺寸的大小？
3. 什么是光学变焦？
4. 色温如何影响色彩平衡？
5. 如何理解数码相机的白平衡？
6. 如何设置数码相机的感光度？

学习情境二
数码相机与镜头的种类

项目一　数码相机的种类

📷 **任务一　数码相机的种类**

任务导入	通过学习单镜头反光型数码相机、长焦数码相机和袖珍型数码相机的结构与功能，懂得选用数码相机。
任务目标	认识数码相机的种类；懂得模式拨盘符号的意义；掌握数码相机的拍摄和查看等操作方法。

一、单镜头反光型数码相机

单镜头反光型数码相机功能齐全，质量优异，但价格较高，主要使用者是新闻记者及从事专业摄影工作的人员。超高分辨率是单镜头反光型数码相机的首要标志，其CCD或CMOS包含的像素数在几百万级以上，分辨率至少在1280×1024之上，而其色彩深度为24位或36位。

DSLR为单镜头反光型数码相机（即Digital Single Lens Reflex）的英文缩写。单镜头反光型数码相机如图2-1、图2-2所示，市面上有较多选择。

图2-1　尼康D40单镜头反光型数码相机

图2-2　富士单镜头反光型数码相机

1. 单镜头反光型数码相机的工作原理

用单镜头反光型数码相机取景时，景物反射的光线透过镜头到达反光镜后，折射到上面的对焦屏并结成影像，透过五棱镜和目镜成像，我们可以在目镜中看到景物。而一般数码相机只能通过 LCD 屏或者电子取景器（EVF）看到所拍摄的影像。显然，单镜头反光型数码相机比其他数码相机更便于拍摄。

在使用单镜头反光型数码相机拍摄时，按下快门按钮，反光镜便会往上弹起，感光器件前面的快门幕帘同时打开，通过镜头的光线投影到感光器件上感光，然后反光镜立即恢复原状，观景窗中可以再次看到影像。单镜头反光型数码相机的这种构造，确定了它是完全通过镜头对焦拍摄的，它能使从目镜中所看到的影像和感光器件上记录的影像永远一样，它的取景范围和实际拍摄范围基本上一致，有利于拍摄者直观地取景构图。

2. 单镜头反光型数码相机的主要特点

单镜头反光型数码相机的一个主要特点就是可以更换不同功能的镜头（如图 2-3 所示），这是单镜头反光型数码相机的优点，是普通数码相机所不能比拟的。

图 2-3　可以更换不同功能的镜头

在关系数码相机摄影质量的感光器件的感光面积上，单镜头反光型数码相机的感光面积远远大于普通数码相机，这使得单镜头反光型数码相机的每个像素点的感光面积也远远大于普通数码相机，每个像素点也因此就能表现出更加细致的亮度和色彩范围，所以单镜头反光型数码相机的摄影质量明显高于普通数码相机。

二、长焦数码相机

长焦数码相机是具有较大光学变焦倍数的机型，而光学变焦倍数越大，所能拍摄的景物就越远。长焦数码相机如图 2-4、图 2-5 所示，市面上有较多选择。一些镜头越长的数码相机，内部的镜片和感光器移动空间更大，所以变焦倍数也更大。

图 2-4　柯达长焦数码相机

图 2-5　奥林巴斯长焦数码相机

1. 长焦数码相机的主要特点

　　长焦数码相机的主要特点是通过镜头内部镜片的移动而改变焦距。当我们拍摄远处的景物或者是被拍摄者不希望被打扰而必须保持远距离拍摄时，使用长焦数码相机是最佳的选择。而且，焦距越长，则景深越小，这与光圈越大景深越小的效果是一样的。当然，景深小的好处在于可以突出主体而虚化背景，在很多情况下都需要拍摄有这样效果的照片。

2. 长焦数码相机存在的问题

　　对于镜头的整体素质而言，实际上变焦范围越大，镜头的质量也越差，拍摄的影像越容易产生形变。10 倍超大变焦的镜头最常遇到的两个问题就是镜头畸变和色散、紫边情况都比较严重。超大变焦的镜头很容易在广角端产生桶状形变，而在长焦端产生枕状形变，虽然镜头变形是不可避免的，但是好的镜头能将变形控制在一个合理范围内。一般来说，10 倍变焦镜头在光学性能上可以满足我们日常拍摄的需要，然而，我们还是要了解长焦数码相机存在的问题，具体如下。

　　（1）机身重，体积大。由于 10 倍变焦的数码相机的镜头使用的镜片增多，镜头口径、体积都变大，导致相机的体积与重量相应增加。虽然也有一些紧凑型的超大变焦数码相机，但是到现在为止，还没有重量在 200 克以内的超大变焦的数码相机。

　　（2）画面质量较差。由于数码相机的自动对焦技术实际上并不是领先的，从速度上来说也不理想，这也是很多人用了一段时间的消费级数码相机[①]后更换为单镜头反光型数码相机的原因。而对于 10 倍变焦的这些相机而言，长焦端的自动对焦较慢，因此将受到更大的考验。在市面上的这类相机中，不少相机在这个方面的确存在缺陷，主要表现为对焦不坚决或者不能对焦，在光线比较暗的地方拍摄时这种缺陷表现得尤为明显。

　　（3）手持时会抖动。所有使用数码相机的人都应懂得安全快门速度这个概念。安全快门速度其实就是焦距的倒数。所谓安全，就是说如果你所使用的快门速度高于安全快门速度，那么拍摄出的照片基本不会因为手不受控制的抖动而变得模糊；相反，

———————————
① 消费级数码相机是指主要用于日常拍摄留念、旅游拍摄或摄影爱好者学习拍摄的数码相机——编者注。

如果使用的快门速度低于安全快门速度，拍摄出的照片会变得模糊。10 倍光学变焦的数码相机的焦距非常大，这就要求在拍摄时要保证较高的快门速度，否则就很容易造成画面模糊。

三、袖珍型数码相机

袖珍型数码相机是指以小巧的外形、相对较轻的机身以及超薄时尚的设计为主要特点的数码相机，使用者主要是业余摄影者。袖珍型数码相机的 CCD 包含一百万以上的像素，最高分辨率达 2592×1944。这种等级的分辨率可确保打印 A4 尺寸或更大的尺寸的照片时能有较好的输出效果。

此外，袖珍型数码相机有自动对焦的光学镜头（许多型号还配有变焦镜头）、清晰的 LCD 显示屏，拍摄起来更像是使用一部高档傻瓜照相机，足以满足日常拍摄的需要。

袖珍型数码相机如图 2-6 至图 2-8 所示，市面上有较多选择。

图 2-6　奥林巴斯袖珍型数码相机

图 2-7　索尼袖珍型数码相机

图 2-8　佳能袖珍型数码相机

袖珍型数码相机的主要特点是时尚的外观、大屏幕液晶屏、小巧纤薄的机身、携带方便、操作便捷等。

虽然袖珍型数码相机功能并不强大，手动功能相对薄弱，超大的液晶显示屏耗电量较大，镜头性能较差，但是它具有最基本的曝光补偿功能，再加上区域或者点测光模式等，基本能够保证我们完成日常的、非专业性的摄影创作。

任务二　手持照相机姿势

任务导入	手持照相机进行拍摄时，手抖会使画面虚糊，持稳相机很关键。
任务目标	掌握手持相机姿势。

拍摄时要注意持稳照相机。在按下快门的瞬间，照相机必须持稳，如果持不稳，会造成照片画面虚糊，这是初学者常犯的毛病。手持照相机的姿势如图 2-9、图 2-10 所示。

图 2-9　手持照相机姿势 1　　　　　　图 2-10　手持照相机姿势 2

手持照相机拍摄时，不可使用过慢的快门速度，一般使用的快门速度不能慢于1/30 秒。一般来说，当快门速度慢于 1/30 秒时，应将照相机固定在三脚架上进行拍摄，同时使用快门线开启快门。

项目二　镜头的种类及镜头上的标志

任务一　镜头的种类

任务导入	能认识和使用各种镜头。
任务目标	镜头的种类很多，要知道各种镜头的用途，以便恰当地选择和使用。

镜头的型号和种类很多，根据它们的不同作用可分为标准镜头、远摄镜头、广角镜头、变焦镜头、微距镜头等。除变焦镜头外，其他镜头均称为定焦镜头。各种镜头都有其成像特性和优缺点，都有其擅长的功能和适用性。

一、标准镜头

标准镜头通常是指焦距在 40 ～ 55 mm 之间的摄影镜头，它是最基本的一种摄影镜头（如图 2-11 所示）。

图 2-11 标准镜头

标准镜头用途最为广泛，不管是人物摄影、风景摄影，还是产品广告摄影，用标准镜头拍出的照片由于视角与人眼的视角相似，画面景象显得较真切、自然。此外，标准镜头的成像质量也较高。但是，从另一方面看，由于标准镜头的画面效果与人眼视觉效果十分相似，故用标准镜头拍摄的画面效果又显得十分普通，甚至可以说十分"平淡"，它很难获得用广角镜头或远摄镜头拍出的那种渲染画面的戏剧性效果。因此，要用标准镜头拍出生动的画面是相当不容易的，即使是资深的摄影师想要用好用活标准镜头也并不容易。但是，标准镜头所表现的视觉效果有一种自然的亲近感，用标准镜头拍摄时，镜头与被摄物的距离也较适中，所以在诸如普通风景、普通人像、抓拍等摄影场合使用较多。例如，最常见的纪念照多用标准镜头来拍摄。另外，拍摄者往往容易忽略的是，标准镜头还是一种成像质量上佳的镜头，它在表现被拍摄物细节方面非常有效。

二、远摄镜头

远摄镜头也称望远镜头或长焦镜头，这类镜头的焦距较长，通常要比标准镜头焦距大得多，并可把远处的景物拍得较大。根据远摄镜头焦距长短的相差悬殊及不同的特点，远摄镜头可分为中焦镜头、长焦镜头（也称远摄镜头）、超长焦镜头（也称超远摄镜头）。

中焦镜头：焦距在 150 mm 以内（如焦距为 135 mm、150 mm），视角为 20°左右。

长焦镜头：焦距在 150 mm 以上 300 mm 以内（如焦距为 200 mm、250 mm、300 mm），视角为 12°左右。

超长焦镜头：焦距在 300 mm 以上（如焦距为 500 mm、1000 mm），视角为 8°左右。

长焦镜头的焦距长，视角小，在底片上成像大，所以在同一距离上能拍出比标准镜头更大的影像，适合拍摄远处的对象（如图 2-12 所示）。由于长焦镜头的景深范围

图 2-12 长焦镜头拍摄效果

比标准镜头小，因此可以更有效地虚化背景，突出对焦主体，而且被摄主体与照相机一般相距比较远，在人像的透视方面出现的变形较小，拍出的人像更生动，所以人们常把长焦镜头称为人像镜头。但长焦镜头的镜筒较长，重量较大，价格相对来说也比较高，而且其景深比较小，在实际使用中较难对准焦点，因此常用于专业摄影。

使用长焦镜头拍摄，一般应使用高感光度及快速快门，如使用 200 mm 的长焦镜头拍摄，其快门速度应在 1/250 秒以上，以防止手持相机拍摄时照相机抖动而造成影像虚糊。在一般情况下拍摄时，为了保持照相机的稳定，最好将照相机固定在三脚架上，无三脚架固定时，尽量寻找依靠物以保持稳定。

远摄镜头的主要特性及用途如下。

（1）景深小，有利于摄取虚实结合的影像。

（2）视角小，能远距离摄取景物的较大影像且不易干扰被摄对象，如抓取人物形态、鸟兽、战争和运动场面。

（3）能使纵深景物的近大远小的比例缩小，使前后景物在画面上紧凑，压缩了画面透视的纵深感。

（4）影像变形较小，这一特点在人物摄影中尤为见长。

三、广角镜头

焦距长度小于标准镜头焦距长度的镜头称为广角镜头（如图 2-13 所示）。广角镜头种类繁多，焦距视角不一，根据它的不同功能又可分为广角镜头、超广角镜头、鱼眼镜头三种。广角镜头焦距一般大于 25 mm（一般为 30 mm 左右），视角在 90°以内（一般为 70°左右）；超广角镜头焦距在 20 ~ 25 mm（一般为 22 mm 左右），视角在 90° ~ 135°（一般为 90°左右）；鱼眼镜头焦距在 16 mm 以下，视角在135° ~ 220°（一般为 180°左右）。

图 2-13　10 ~ 22 mm 广角镜头

1. 广角与超广角镜头

广角与超广角镜头具有以下特点：

（1）景深大，有利于把纵深度大的被摄体都清晰地表现在画面上。

（2）视角大，从某一视点观察到的景物范围比人眼在同一视点所看到的大得多，有利于近距离摄取较广阔范围的景物，这一特点在室内拍摄中尤为见长。

（3）纵深景物的近大远小收缩比例强烈，善于夸张前景和表现景物的远近感，带来较强的画面透视感。

（4）影像变形较大，出现中间大、两端小，容易造成人物面部的变形、物体变形和水平线弯曲。

由于广角镜头多用于离景较近的场合，画面往往是中间清晰、四周模糊等，所以，用广角镜头拍摄时，光圈应适当收小一些，以克服或弱化这种缺点。

2. 鱼眼镜头

鱼眼镜头的拍摄范围极大，能使景物的透视感达到极大夸张的效果。鱼眼镜头会产生严重的桶状形变，强调被摄物近大远小的对比，使所摄画面具有一种震撼人心的感染力，有时也能使画面别有一番情趣（如图 2-14 所示）。

鱼眼镜头有两种基本类型：一种是产生小于全画幅的圆形影像；另一种是产生全画幅的矩形影像。无论是用哪种鱼眼镜头拍摄的照片，画面变形都比较强，透视汇聚感强烈。

鱼眼镜头的价格较高，它原是为天文摄影的需要而设计的，现代摄影中也用于摄取大范围的全景照片或为了取得富有想象力的特殊效果。

鱼眼镜头的体积较大，有一种"头（镜头）大身体（机身）小"的感觉。由于鱼眼镜头重量不轻（如尼柯尔 6 mm/F2.8 手动对焦鱼眼镜头重达 5200 克），单镜头反光型照相机装上鱼眼镜头后，照相机和镜头的整体重量增加，重心前移，所以拍摄者持照相机进行拍摄时要注意持稳照相机。鱼眼镜头的前镜片直径大且向镜头前部凸出，故这种镜头无法像普通镜头那样安装滤光镜。鱼眼镜头通常采用内置滤光镜，根据拍摄需要，由拍摄者操作镜头上的滤光镜转换环，需要时可将滤光镜转换至镜头的摄影光路中。鱼眼镜头的前镜片是整个镜头中相当重要的镜片，由于它向镜头前部凸出，故拍摄者在拍摄时（尤其是凑近被摄物体拍摄时）要特别注意不要碰撞镜片。

图 2-14　鱼眼镜头拍摄效果

四、变焦镜头

在一定范围内可以变换焦距，从而得到宽窄不同的视场角，不同大小的影像和不同范围的景物，这样的镜头称为变焦镜头（如图 2-15 所示）。

图 2-15　索尼 55~200 mm f/4~5.6 变焦镜头

在不改变拍摄距离的情况下，使用变焦镜头，可以通过变动焦距来改变拍摄范围，因此非常有利于画面构图。由于一个变焦镜头可以"担当"起若干个定焦镜头的作用，外出旅游摄影时使用变焦镜头，不仅减少了携带摄影器材的数量，也节省了更换镜头的时间。

变焦镜头的变焦倍率有 3 倍、4 倍、5 倍、6 倍、10 倍、12 倍等，倍率为最大焦距与最小焦距的比值。

变焦镜头的优点有：第一，在不必移动相机位置的情况下，可通过变焦的方法，对近的或远的物体进行恰当选择，安排合适的画面和构图，使画幅面积得到充分的利用；第二，用变焦镜头可以在较远的位置上拍摄较小的物体，避免变形并能得到较好的透视效果；第三，当现场需要不断改变焦距来满足拍摄需要时，不必来回调换镜头，从而有利于控制拍摄时间；第四，利用曝光瞬间的变焦可创造特殊效果（如变焦拍摄爆炸效果）。

变焦镜头的主要缺点是它的口径通常较小，取景层不如定焦镜头明亮，成像质量比定焦镜头要差一些。

五、微距镜头

微距镜头通常用于拍摄细小的物体，它的最近物距很小，通常在 5 ～ 20 cm。使用微距镜头，不仅可以把被摄物按 1：1 的原样大小记录下来，也可以把被摄物放大 20 倍记录下来（如图 2-16 所示）。微距镜头是一种能产生放大效果的摄影镜头，当然这种镜头也可以用作普通镜头。

微距镜头的分辨率相当高，影像形变极小，且反差较高，色彩还原佳。微距镜头用于近距离摄影时具有较好的解像力，可在整个对焦范围内保持成像质量不发生太大的变化。一般的摄影镜头主要用于拍摄通常焦距内的景物，不能直接用于近距离拍摄。利用一般的摄影镜头近距离拍摄时，需要在镜头上加装近摄镜、近摄接圈或近摄皮腔等近摄附件后方能进行，但一般摄影镜头加装了近摄镜、近摄接圈或近摄皮腔等近摄附件后，就处于近摄状态，而无法迅速从近摄状态回到普通摄影状态。也就是说，一般摄影镜头加装近摄附件后，就难以在近距摄影和普通摄影两种状态中交替进行。而

图 2-16　微距镜头拍摄效果

微距镜头则不同，它的近摄不依赖近摄附件，全部近摄操作都通过镜头本身完成，它可在近摄至无限远之间连接对焦，从而能从近摄状态迅速调整至普通摄影状态，这为拍摄者交替进行近距摄影和普通摄影提供了方便。

微距镜头一般有两种结构：一种采用内置伸缩镜筒的结构，另一种采用交换镜头内光学镜片组前后位置的结构。使用前者，拍摄者在进行普通摄影时，只要旋转镜头对焦环就能进行正常的对焦，如果想近距离拍摄，只要把已旋转至最近对焦处的对焦环继续旋转，就能把镜头的整个光学系统随同内置的镜筒同步前移，从而使像距增大，达到近距离拍摄的目的。而后者是以变换镜头内光学镜片组前后位置来获得较高的影像放大率，从而达到近距离拍摄的目的。

照相机的镜头就好比人的眼睛，保护镜头不使其受到伤害，对保证照片质量至关重要。维护镜头是一项细致而复杂的工作，清洁镜头时一定要注意以下几个方面。

（1）不要用手指、手帕、衣服等擦拭镜头。

（2）不要用酒精擦镜头。

（3）不要用麂皮擦湿的镜头。

（4）不要碰撞镜头。

（5）不要让镜头"出汗"和"受冻"。

（6）防止镜头发霉。

📷 任务二　镜头上的标志

任务导入	数码相机的镜头有很多品牌，镜头参数各不相同，认识镜头上的标志有利于我们选择和使用镜头。
任务目标	认识镜头上的各种标志。

众所周知，镜头的好与坏，在很大程度上影响着成像质量。同时，镜头的设计对

数码相机的外观也有相当大的影响。而在内部电路和 CCD 日益同质化的今天，镜头无疑成为各大厂商吸引消费者的重要宣传点。而镜头上那些文字、那些个性化的品牌和标志对我们来说有了新的意义。这些标志以相机作为载体，在带来视觉冲击的同时，也充分展示了相机的个性和内涵，成为时尚的一部分。现在就让我们一起来解读数码相机镜头上那些众多的个性化标志吧。

一、品牌的印迹

品牌本身的意义仅仅是指品牌留在消费者脑海中的一个统一的印象，正是由于留下了这种印象，才让品牌在用户心中成为数码相机的一部分，而且往往占据了决定性的位置。所以，标志的出现不仅仅是品牌的象征，更是一种主动与用户脑中的印象有所关联的行为。不同的人喜欢不同的品牌，当人们看到自己喜欢的品牌的标志出现在相机上或出现在镜头上时，就会产生一种认同感。

市面上的各种数码相机及镜头都拥有自己的品牌。如尼康的尼克尔镜头、佳能的镜头、奥林巴斯 ZUIKO 镜头、索尼的蔡斯镜头、美能达 GT/HEXANON 镜头，等等。正是由于长久以来这些品牌在人们脑中的印象，使得这些文字和标志有了新的内涵。例如，镜头上简单的 Carl Zeiss 几个字母，带来的却是一种更高的境界、品质的象征。同时，镜头上的那些文字还提供了很多关于镜头的信息。

二、镜头上的标志

相机的镜头上通常会有很多有用的信息，除了品牌标志以外，还有很多镜头的参数。所以，如果我们想要了解一部相机，镜头上的文字会给我们很多的"帮助"。

在镜头上一般会出现一些数字和字母，这些数字和字母一般都包含了以下几种参数：第一，镜头的最大光圈，如 $1:3.5 \sim 5.6$ 之类的；第二，这个数码相机镜头具有的功能，如变焦范围 $6.6 \sim 46.22$ mm 或 $18 \sim 200$ mm 等。

一般来说，数码相机都有一个焦距范围，一头是广角端，另一头是望远端。广角端越大，所能包含的景物就越多；望远端越大，可看到的距离就越远。

一些准专业的相机镜头一侧还有很多文字。有的会出现相机的变焦倍数，比如"6×zoom"的字样，这就代表了镜头是六倍光学变焦。一些长焦数码相机镜头的光学变焦范围可以高达 6×、10×，甚至 12×。有的品牌的数码相机在镜头上的变焦标志会达到 19×、22×，这会让消费者误认为此镜头变焦倍数是 19 倍、22 倍，其实这个数值往往是光学变焦倍数 × 数码变焦得出来的。

所以，我们在观察一部相机的时候一定要看它上面是否有 digital zoom 的字样，如果有，后面的数字就表示数码变焦的倍数了。

相机是个很复杂的系统，那些标志虽然不会对相机的性能有任何影响，但是它已经成为相机的一部分，使相机看起来个性十足。图 2-17 至图 2-21 是常见的几种相机镜头上的标志。

图 2-17 尼康数码相机
镜头上的标志

图 2-18 尼康数码相机
镜头上的标志

图 2-19 佳能数码相机
镜头上的标志

2-20 奥林巴斯数码相机
镜头上的标志

图 2-21 美能达数码相机
镜头上的标志

思考题

1. 常见的数码相机有几种？

2. 单镜头反光型数码相机有什么特点？

3. 袖珍型数码相机有什么优点？

4. 标准镜头有什么优点？

5. 广角镜头的优缺点是什么？

6. 如何计算变焦镜头的变焦倍率？

7. 如何从数码相机机身上识别相机的性能？

学习情境三
数码相机的常用装置

项目一　光圈与快门速度

 任务一　光圈

任务导入	光圈（Aperture）是相机的一个重要装置，光圈的大小用光圈系数表示。光圈系数简称 F 系数。要懂得 F 系数的大小与进光孔大小的关系。
任务目标	熟记流行的 F 系数标记；掌握光圈的作用。

一、相对口径

相对口径是指经过光圈装置调节后镜头的通光孔直径。相对口径用缩小光圈后的光束直径和焦距的比值来表示，比值越大，说明相对口径越大。相对口径是可变的，是相对有效口径而言。有效口径表示镜头最大的通光孔直径，这仅适用于拍摄光线较弱条件下的景物。对于不同的景物，所受光线的亮度不同，拍摄时需要的口径大小也不同。如果景物亮度很高，拍摄时不控制口径就会出现曝光过度。

二、光圈

光圈是一个用来控制光线透过镜头，进入机身内感光面的光量的装置，通常位于镜头内，由若干金属薄片组成，可调节进光孔的大小（如图 3-1 所示）。光圈的大小用光圈系数表示（简称 F 系数），F 系数 = 镜头的焦距 / 镜头口径的直径。

图 3-1　光圈大小

1. F 系数

流行的 F 系数的数值有 2，2.8，3.2，3.5，4，4.5，5，5.6，6.3，7.1，8，9，10，11，13，14，16，18，20，22 等。一个镜头的 F 系数通常只具备其中连续的 7 ～ 15 挡，当然不同厂家生产的数码相机的 F 系数也不太一样。

F 系数愈小，在同一单位时间内的进光量便愈多，F 系数相差 $\sqrt{2}$ 倍，则光圈通光量相差一倍。例如，光圈从 F8 调整到 F5.6，则进光量便增加一倍。多数非专业数码相机镜头的焦距短，物理口径很小，F8 时光圈的物理孔径已经很小了，继续缩小就会发生衍射之类的光学现象，影响成像。所以，一般非专业数码相机的 F 系数最小为 8 ～ 11，而专业型数码相机感光器件面积大，镜头距感光器件距离远，F 系数可以设置得较小。对于消费级数码相机而言，F 系数常常介于 2.8 ～ 16。

2. 光圈作用

F 系数标注在镜头外部的光圈环上，我们摄影时只要根据实际亮度的需要转动光圈环，使所选定的 F 系数对准标定位置即可获得适度曝光。光圈的作用如下。

（1）调节进光亮度。这是光圈的基本作用。由于光圈的光孔可以根据需要在一定范围内缩小和放大，因此可以用来调节进光亮度，它与快门速度配合，可以满足曝光量的需要。F 系数调小，也就是进光孔调大，进光亮度就增大；反之，进光亮度减小。

（2）调节景深效果。这是光圈的重要作用。F 系数调小，也就是进光孔调大，景深变小；F 系数调大，也就是进光孔调小，景深变大，其效果如图 3-2、图 3-3、图 3-4 所示。

（3）影响成像质量。这是光圈在摄影中容易被忽视的作用。每架相机都有一个最佳光圈，即最佳 F 系数值，当 F 系数等于此值时，"像差"影响最小。F 系数过大，会产生球形像差、慧形像差[①]；F 系数过小，会发生绕射、衍射现象。一般来说，最佳光圈位于该镜头最大光圈缩小 3 挡左右处，其中，优质镜头的最佳光圈位于最大光圈缩小 2 ～ 3 挡处，劣质镜头的最佳光圈位于最大光圈缩小 4 ～ 5 挡处。一般情况下，F 系数设置在 8 左右时成像质量最好。

---

① 球面像差简称球差，是指位于主轴上的点光源发出的宽广光束，经透镜折射或反射镜反射后所成的像呈边缘模糊的现象。慧形像差简称慧差，是指透镜光轴外的光线（即斜射光线）在成像时不能在像平面上聚焦于一点，而是形成彗星状的弥散斑构成的影像，因而使影像清晰度下降——编者注。

图 3-2　F2.8 拍摄

图 3-3　F11 拍摄

图 3-4　F22 拍摄

📷 任务二　快门速度

任务导入	快门是相机中一个很重要的装置。快门速度是影响感光器件感光量和成像质量的一个重要因素。
任务目标	熟记快门速度标记；掌握快门速度的选择。

照相机上通常都有快门装置，不拍摄时，它阻止了任何光线进入相机；当按下快门钮时，快门才打开，让光线进入相机并投射到感光器件上，打开的时间越长，进入的光线就越多，反之就越少。

一、快门速度标记

相机上的快门速度标记常见的有 1，1.3，1.6，2，2.5，3，4，5，6，8，10，13，15，20，25，30，40，50，60，80，100，125，160，200，250，320，400，500，640，800，1000，1250，1600，2000，2500，3200，4000，5000，6400，8000 等，相机不同，这些数字标记也会不同。这些数字实际上是指快门开启时间的倒数秒，所以相机上快门速度标记的数字越大，快门开启的时间就越短。若超过 1 秒的快门速度则表示为 1″（1 秒）、2″（2 秒）、4″（4 秒）……30″（30 秒）等。

不同型号的数码相机的快门速度是不一样的，因此在使用某个型号的数码相机来拍摄景物时，一定要先了解其快门的速度，因为按快门时只有考虑了快门的启动时间，并且掌握好快门的释放时机，才能捕捉到生动的画面。一般情况下，选择的快门速度应比安全快门速度快，安全快门速度 =1/ 镜头的焦距。例如，镜头的焦距是 50 mm，安全快门速度就是 1/50 秒，即选择 1/50 秒以上的快门速度才可避免因手持相机拍摄时手部抖动而造成的影像模糊。

通常，普通数码相机的快门速度大多在 1/1000 秒之内，基本上可以满足大多数日常拍摄的需要。快门不单要看"快"，还要看"慢"，即快门的延迟。例如，有的数码相机具有 16 秒的快门速度，用来拍夜景足够了，然而延迟太长也会增加数码照片的噪点，即照片中会出现杂条纹。

二、快门的作用

（1）控制进光时间，也就是控制曝光时间。这是快门的基本作用，它与光圈配合使用，可以满足曝光量的需要。

（2）影响成像清晰度。这是快门不可忽视的作用。快门开启时间长短不仅影响进光量，而且影响成像清晰度。不同的快门速度在拍摄动态物体时有不同的效果，如图 3-5 至图 3-7 所示。

图 3-5　快门速度 1/4 秒拍摄

图 3-6　快门速度 1/90 秒拍摄

图 3-7　快门速度 2 秒拍摄

任务三　光圈和快门速度的组合

任务导入	光圈和快门速度的设置和组合相当重要，只有能够恰当地设置和组合，才能拍摄出最佳的照片。
任务目标	掌握光圈和快门速度设置和组合的基本准则。

在摄影过程中，相机中的光圈和快门速度的设置和组合相当重要。光圈主要用来控制光线通过镜头光孔的大小，而快门速度则是控制光线投射到感光器件上的时间长短。只有将光圈和快门速度设置得恰到好处，才能达到最令人满意的曝光效果。但是，许多拍摄者在这方面的操作不能达到满意的效果，其原因主要是他们不懂得设置不同的光圈值和快门速度组合。

在同一光线下选择的光圈和快门速度的组合很多（如图3-8所示），这些组合所获得的曝光量是相同的。那么，既然我们可以单独使用光圈或快门速度来控制投射到感光器件上的光线，为什么在每次拍摄时都要考虑两方面的情况呢？其实，光圈和快门总是一起工作的，两者总是相互影响、相互制约的。感光器件要达到正确曝光需要的光量是一定的，因此在外界光强一定的情况下，如果需要得到最合适的曝光效果，就必须调整好光圈和快门速度的组合。在曝光量确定的情况下，如果更改F系数使光圈变小，就要将快门速度设置得更慢，反之，如果光圈变得更大，快门速度就要设置得更快一些。如光圈值设置为F4、快门速度为1/500秒时曝光效果和光圈设置为F5.6、快门速度为1/250秒的效果一样。那么，如何选择光圈和快门速度的组合呢？这就需要懂得不同光圈和快门速度所产生的效果。

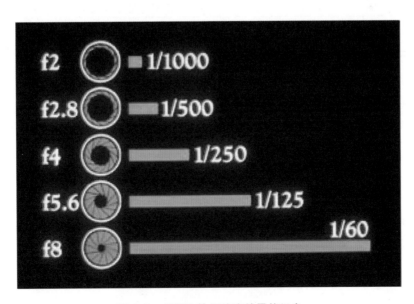

图3-8　光圈和快门速度的最佳组合

一、光圈的选择

不同的光圈所产生的效果如表 3-1 所示。

表 3-1　不同光圈的效果

光圈	效果
F2	此挡光圈孔径最大，适合在暗弱照明条件下获得足够的曝光量
F2.8	此挡光圈孔径较大，适合在暗弱照明条件下获得足够的曝光量。景深浅，有助于使背景离开焦点，从而把注意力集中到被摄主体上
F4	此挡光圈的结像质量具有稍好的景深效果，当照明情况较最佳照明状态稍差时，设置此挡光圈可获得合适的曝光量
F5.6	此挡光圈结像较佳，效果与 F4 相差无几
F8	此挡光圈为最佳光圈，具有适度的景深效果，适用于户外日光下拍摄，具有极好的结像质量
F11	此挡光圈具有很大的景深，适合于户外日光照明条件下拍摄，具有极好的结像质量
F16	此挡光圈具有最大的景深，清晰度损失极轻微。当最大景深显得重要的时候，这种由于孔径小而产生增大景深的好处，在价值上显然可以弥补其几乎察觉不出的清晰度损失的缺点

二、快门速度的选择

不同的快门速度所产生的效果如表 3-2 所示。

表 3-2　不同快门速度的效果

快门速度	效果
B 门或 T 门	适用于相机三脚架拍摄。快门开启时间的长短由按下快门按钮的时间来控制。适合户外夜间使用小光圈、大景深的拍摄，如拍摄焰火、闪电及记录夜间由移动照明形成的条纹图案（如行驶着的汽车灯）
1 和 1/2 秒	适用于相机三脚架拍摄。适合在暗淡照明情况下使用小光圈获得大景深和足够的曝光量（如现场光或摄影灯照明）。适合拍摄无生命的物体和稳定不动的被摄体
1/4 秒	适用于相机三脚架拍摄。这是适于拍摄成年人肖像最慢的快门速度。适合在暗淡照明条件下，使用小光圈，以获得大景深和足够的曝光量。适合拍摄稳定的被摄体
1/8 秒	适用于相机三脚架拍摄。在限定范围内拍摄成年人时比用 1/4 秒快门速度的效果更好。适合在暗淡照明条件下，使用小光圈，以获得大景深和足够的曝光量。适合拍摄稳定的被摄体
1/15 秒	适用于相机三脚架拍摄。当相机上安装标准镜头或者广角镜头时，如在曝光时能保持相机非常平稳的话，那么可以手持相机进行拍摄。适合在暗弱照明条件下，使用小光圈，以获得大景深和足够的曝光量续表快门速度
1/30 秒	手持相机进行拍摄并在该相机上配以标准镜头或广角镜头时，这挡快门速度是被推荐的最慢快门速度。为了获得清晰度高的照片，必须保持相机平稳。这挡快门速度适合大多数现场光摄影。适合在多云天气或阴影处用小光圈，以获得大景深
1/60 秒	这挡快门速度适于照明条件不太理想，如多云的天气、在阴影处等情况下拍摄。使用小光圈以增大景深时，设置该快门速度是很有用的。在现场光照明较明亮的场所也可以使用这挡快门速度。使用这挡快门速度时，因相机意外受到震动而使拍摄失败的概率要比使用 1/30 秒快门速度时低些。单反相机使用该挡快门速度时应与闪光灯同步
1/125 秒	这是户外日光下拍摄照片最好的快门速度。在明亮的照明情况下，使用中等大小的光圈到小光圈能产生很好的景深。使用这挡快门速度，能使来自相机本身的微弱震动的影响减到最小。能抓住一些中等速度的动作，如走动着的人，做游戏的儿童或是自由活动的婴孩。手持装有焦距小于 105 mm 的中焦距镜头的照相机进行拍摄时，设置为该速度具有一定的保险性。这挡快门速度被推荐用于某些单镜头反光型数码相机拍摄时，并且应与闪光灯同时使用

续表

快门速度	效果
1/250 秒	这挡快门速度适合抓拍一般速度的运动物体（以下简称动体），例如以中等速度跑动着的人、正在游泳的人、正在骑自行车的人、在一定距离外奔跑着的马、奔跑着的小孩，等等。当你不需要大景深，而主要是想抓住动作的时候，可以在户外日光照明情况下用这挡快门速度，以使相机的震动影响减至最小。适合于手持相机安装上 250 mm 焦距镜头进行拍摄
1/500 秒	这挡快门速度适合抓拍运动速度较快的动体，例如中等距离外快速跑动着的人、奔跑着的马、正在跳水的人、骑着自行车快速行进的运动员、行驶着的轿车或跑动中的篮球运动员。这挡快门速度可用于抓拍除了最快速度外的所有动体
1/1000 秒	这挡快门速度适合抓拍快速动体的最佳速度，如赛车、摩托车、飞机、快艇、野外和体育场内的比赛项目、网球运动员、滑雪运动员及高尔夫球运动员。因为使用该快门速度时比其他快门速度时需用更大的光圈，因此它的景深最小。手持装有 400 mm 以内焦距的长焦距镜头的相机进行拍摄时，使用这挡快门速度能获得极好效果

项目二　曝光模式与对焦方式

任务一　曝光模式

任务导入	数码相机的曝光模式有很多种，不同厂家、不同类型的数码相机具备不同的曝光模式。
任务目标	懂得不同场景模式的选择，掌握快门优先式、光圈优先式和手动模式的使用技巧。

一、场景拍摄模式

数码相机都提供了多种场景拍摄模式，即相机内预先调节好光圈、快门、焦距、测光方式及闪光灯等参数值，以便于那些经验不足的拍摄者拍出有一定质量的数码照片。那么，如何来利用这些场景模式进行拍摄呢？在实际操作中，相当一部分的拍摄者使用的是数码相机的 AUTO（自动）模式，而在特定的拍摄环境中，这种模式下拍摄出来的照片的质量是难以保障的。所以，掌握好常见的几种情景模式对于一般拍摄者来说非常重要。

（1）【Q】放大镜模式。使用放大镜模式进行拍摄时，拍摄对象在 LCD 屏幕上显示的最大放大倍数为 2.1（如表 3-3 所示）。利用此模式可以拍摄肉眼难以看清的细节。

表 3-3　镜头与拍摄对象之间距离所对应的放大倍数

镜头与拍摄对象之间的距离 /cm	放大倍数
1	2.1
2	1.4
5	0.7
10	0.4
20	0.2

在放大镜模式下，光学变焦被锁定在 W 侧，无法使用。当按下变焦按钮时，以数字变焦模式放大影像。

（2）◖微明模式。此模式适用条件： 在较暗光线的环境中，可以拍摄远处的夜景。因为微明模式下快门速度较慢，所以拍摄时要使用三脚架（如图 3-9 所示）。

（3）◖微明肖像模式。在夜间拍摄前景人物时，可使用微明肖像模式。使用此模式拍摄前景人物影像时，轮廓清晰而又不失夜间拍摄的感觉。但因为微明肖像模式下的快门速度较慢，所以拍摄时要使用三脚架（如图 3-10 所示）。

图 3-9　微明模式　　　　　　　　　　　图 3-10　微明肖像模式

（4）▲ 风景模式。风景模式便于对远处影像对焦，因此适用于拍摄远处的风景（如图 3-11 所示）。

（5）🏃 软抓拍模式。使用软抓拍模式，能够以明亮温和的色调表现出人物的皮肤颜色。使用该模式拍摄时会对人体对焦产生影响，因此只能在适合的条件下才能拍摄人物或鲜花等（如图 3-12 所示）。

图 3-11　风景模式　　　　　　　　　　　图 3-12　软抓拍模式

（6）❄雪景模式。拍摄雪景或其他整个屏幕均为白色的地方时，使用雪景模式可以防止产生颜色凹陷的效果，从而拍摄出清晰的影像（如图 3-13 所示）。

（7）🏖海滩模式。在海边或湖边拍摄时，使用海滩模式可以清晰地拍摄出蓝色的水面（如图 3-14 所示）。

图 3-13　雪景模式

图 3-14　海滩模式

（8）🏃高速快门模式。高速快门模式适用于在室内或其他明亮的地方拍摄移动的物体。在此模式下，由于快门速度较快，所以在光线暗的地方拍摄出来的影像颜色更暗（如图 3-15 所示）。

（9）🎆焰火模式。使用焰火模式可以拍摄出焰火的绚丽光彩。使用此模式拍摄时，焦距设置为无限远，由于快门速度较慢，故拍照时需要使用三脚架（如图 3-16 所示）。

图 3-15　高速快门模式

图 3-16　焰火模式

（10）🕯烛光模式。在聚会上或有烛光服务等场合，可以使用烛光模式进行拍摄，而且不破坏烛光渲染的氛围。在此模式下，因为快门速度较慢，拍摄时需要使用三脚架。

若要返回标准模式，只要将模式拨盘设置为其他模式即可。

二、Auto/A/S/P/M 模式

一般数码相机的机顶转盘上常见有 Auto/A/S/P/M 字样（如图 3-17 所示），这些字母都代表什么呢？它们有什么差别？

图 3-17 数码相机各拍摄模式

1. 全自动模式（Auto）

Auto 模式即全自动模式。使用传统数码相机时，如果设置为 Auto 模式，相机则会根据内置测光系统给定一个快门速度和一个光圈，拍摄者所需要做的就是按下快门。

2. 光圈优先模式（Aperture Priority，简称 A。有些品牌的相机将此模式称为 Aperture Value，简称 AV）

A 模式是指光圈优先模式。所谓光圈优先，是指设置为这个模式时，拍摄者所能调节的只有光圈，相机会根据内置测光系统给出一个恰当的快门速度，以保证正确的曝光量。光圈优先的优点是：可以很好地控制景深，光圈越大，景深小，快门速度越快；反之，光圈越小，景深大，快门速度越慢。当然，要注意不要使快门速度溢出，也就是在大光圈下快门速度必须很快，有时会超过相机的额定速度。在手持相机拍摄时也要注意不要使快门速度慢于安全快门速度。

3. 快门速度优先模式（Shutter Speed Priority，简称 S。有些品牌的相机将此模式称为 Time Value，简称 TV）

S 模式是指快门速度优先模式。在这种模式下拍摄者能调节的不是光圈，而是快门速度（当然也可以调节诸如白平衡、曝光补偿、测光模式等），相机会根据所选定的快门速度给出一个合适的光圈。这种模式一般用于拍摄动体影像，或者用于固定速度摄影。比如拍摄流水时，要固定快门速度 1/4，此时用 S 模式最好了。使用 S 模式拍摄时，也要注意不要出现光圈溢出的情况，也就是超过最大光圈，当然也不要小于最小光圈。

快门优先是在手动定义快门的情况下通过相机测光而获取光圈值。快门优先多用于拍摄运动的物体，特别是在体育运动拍摄中最常用。很多摄影者在拍摄运动物体时常常发现拍摄出来的主体是模糊的，这多半是因为快门的速度不够快。在这种情况下可以使用快门速度优先模式，确定一个快门速度值，然后进行拍摄。物体的运行一般都是有规律的，那么对应的快门速度也可以估计。例如拍摄行人，快门速度只需要 1/125 秒就差不多了，而拍摄下落的水滴则需要 1/1000 秒的快门速度。在追随拍摄时使用快门速度优先模式尤为好用。

4. 程序曝光模式（Program Exposure，简称 P）

P 模式是指程序曝光模式，它其实就是 A 模式和 S 模式的组合。在这种模式下，拍摄者可以调节白平衡、曝光补偿、测光模式，内置测光系统给出一组合理的光圈和快门速度组合，只需要拍摄者用拨盘从中间选出一个合适的组合即可，在这种模式下拍摄者不用考虑溢出。

5. 手动模式（Manual，简称 M）

M 模式是指手动模式。在这种模式下，内置测光系统不能控制光圈和快门，拍摄者可以随意调节光圈和快门速度。所以，在使用 M 模式时，我们必须先掌握光圈和快门速度的正确组合。

使用 M 模式拍摄需要拍摄者手动调节光圈和快门速度，这样的好处是方便拍摄者制造不同的图片效果。如需要有运动轨迹的图片，可以加长曝光时间，把快门速度减慢，曝光增大；如需要制造暗淡的效果，则要加快快门，减少曝光。虽然这种模式下拍摄者有较大的自主性，但是在抓拍瞬息即逝的景象时很不方便，时间上也不允许。

在 Auto/A/S/P 模式中，曝光值是被内置测光系统锁定的，通过调节光圈是不能改变曝光值的，所改变的只是景深。只有在 M 模式中，拍摄者才能改变曝光值，因为 M 模式中是不受内置测光系统限制的。在 A/S/P 模式中想改变曝光值要靠调节曝光补偿，在 A 模式中调节曝光补偿实际上是对快门速度进行调整，在 S 模式中调节曝光补偿实际上是对光圈进行调整，在 P 模式中调节曝光补偿实际上是对快门速度和光圈都进行调整。

三、连拍

连拍（Continuous Shooting）是通过节约数据传输时间来捕捉摄影时机的一种拍摄模式。连拍模式下相机是将数据装入数码相机内部的高速存储器（高速缓存），而不是向存储卡传输数据，所以可以在短时间内连续拍摄多张照片。由于数码相机拍摄要经过光电转换、A/D 转换及媒体记录等过程，无论转换还是记录都需要花费时间，特别是记录花费时间较多。因此，所有数码相机的连拍速度都不是很快。

连拍一般以帧为计算单位，好像电影胶卷一样，每一帧代表一个画面，每秒能捕捉的帧数越多，连拍速度就越快。当然，连拍速度对于摄影记者和体育摄影爱好者是重要的指标，而其他拍摄者可以不必考虑。一般情况下，连拍捕捉的照片，其分辨率和质量都会有所降低。有些数码相机在连拍功能上可以选择，即拍摄分辨率较小的照片时，连拍速度快；拍摄分辨率大的照片时，连拍速度相对较慢。

使用连拍模式，只需轻按按钮，即可连续拍摄，将连续动作生动地记录下来（如图 3-18 所示）。

图 3-18　使用连拍功能拍摄

📷 **任务二　对焦方式**

任务导入	对焦方式有多种，包括自动对焦、手动对焦和多点对焦。在选择对焦方式时，要根据不同的情况进行选择。
任务目标	掌握对焦的方法和使用诀窍。

一、对焦方式

通常数码相机有多种对焦（Focus）方式，主要包括自动对焦、手动对焦和多点对焦方式。

1. 自动对焦

大部分数码相机都是采取一种类似目测的方式实现自动对焦的。数码相机发射一种红外线或紫外线，根据被摄体的反射确定镜头与被摄体之间的距离，然后根据测得的结果调整镜头组合，实现自动对焦。这种自动对焦方式比较直接，对焦速度快，容易实现，但有时候会出错，如镜头和被摄体之间有其他东西（如玻璃）时就无法实现自动对焦，而且在光线不足的情况下对焦精度差。目前高档的数码相机一般已经不使用此种方式，而是采用被动式自动对焦，也就是根据镜头的实际成像判断是否清晰对焦，由于这种自动对焦方式是基于镜头成像实现的，因此对焦精度高，出现差错的概率低。

2. 手动对焦

手动对焦是通过手工转动对焦环来调节相机镜头从而使拍摄出来的照片清晰的一种对焦方式，这种方式很大程度上依赖人眼对对焦屏上的影像的判别以及拍摄者的熟练程度甚至拍摄者的视力。早期的单镜头反光型数码相机与旁轴数码相机基本都使用手动对焦。现在的准专业及专业型数码相机，还有单反数码相机都设有手动对焦的功能，以满足不同的拍摄需要。

3. 多点对焦

很多数码相机都有多点对焦功能，或者区域对焦功能。当对焦中心不设置在画面中心的时候，可以使用多点对焦。除了设置对焦点的位置，还可以设定对焦范围，这样拍摄者就可以根据需要拍摄出不同效果的照片。常见的多点对焦为5点、7点和9点对焦。

二、正确对焦

绝大部分的数码相机都具有自动调节焦距的自动对焦（Auto Focus，简称AF）功能，只要将相机对着想要拍摄的物体并按动快门就可以了，但是这样简单的操作有时会导致对焦不准的情况出现。

（一）焦距没有调准的原因

一般情况下，造成焦距没有调准的原因主要有以下两种。

1. 相机晃动

摄影时经常会发生这样的情况：好不容易调节好焦距，但是在按快门的刹那相机发生轻微晃动，结果整个画面都变得模糊。防止因相机晃动而引起对焦不准的方法有以下几种。

（1）牢牢地抓住相机。

（2）尽量选用高速快门进行拍摄。

（3）使用三脚架等固定相机的工具。

2. 脱焦

在实际拍摄时，有时我们虽然对准了焦距，但是对焦的位置出现了偏差，如对焦位置靠前或对焦位置靠后，都会导致脱焦情况的出现。

防止对焦位置靠前或对焦位置靠后所导致的脱焦有以下几种方法。

（1）将需要对焦的部分（被拍摄物）放在画面的中间（画面的四周不进行对焦）。

（2）不要拍到位于需要对焦部分前面的其他多余物体（可能会在对焦时将焦点集中在前面的物体上而导致对焦位置靠前的情况出现）。

（3）不要将快门一下子按到底（应先轻按住快门，确定焦距对准后再按下快门进行拍摄）。

（二）正确对焦的诀窍

在使用自动对焦时，先将相机对准被拍摄主体，然后半按快门，这时相机就会自动寻找焦点，如果对焦完成，在相机的LCD上就会显示一个绿色的小方框，方框所对应的区域就在焦点所在的区域，这时再完全按下快门（这里还有一个小技巧：当完全按下快门时手不要立刻松开，等拍摄完成时再松开，这是因为立刻松开手的话，相机很容易发生抖动而造成照片模糊）。如果半按快门时相机找不到焦点，相机一般会发出警告。如在LCD上，对焦框会显示红色或者是黄色，这时就需要重新对焦。一般的数码相机中还带有红外辅助对焦系统，如果拍摄时光线条件比较差，相机对焦就会非常困难，这时相机就会发出一束红外线打在被摄主体上，用此来测定被摄物体与相机之间的距离，从而完成对焦。

思考题

1. F系数有哪些？

2. 光圈的作用是什么？

3. 快门速度的作用有哪些？

4. 光圈和快门速度如何组合？

5. 数码相机的曝光模式有哪些？如何使用？

6. 常见的对焦方式有哪些？如何正确对焦？

学习情境四
数码相机的使用

项目一　袖珍型数码相机的使用

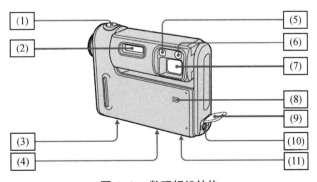 任务一　袖珍型数码相机部件的识别与设置

任务导入	不同型号的数码相机，其部件会有区别，所放位置也会不同，但差别不是太大，而且部件上的标志是通用的，所以这里以袖珍型数码相机为例进行讲解。
任务目标	掌握数码相机各部件标志的用途；掌握模式拨盘的使用。

下面以 SONY DSC-F88 数码相机为例介绍袖珍型数码相机的使用方法。

一、识别部件

图 4-1 所示为数码相机的结构，其中：(1) 快门按钮；(2) 闪光灯；(3) 多芯连接器（底面）；(4) 三脚架插孔（底面）；(5) 取景窗；(6) 自拍定时指示灯 /AF 照明器；(7) 镜头；(8) 麦克风；(9)DC IN 插孔盖；(10) DC IN 插孔；(11) 扬声器（底面）。

图 4-1　数码相机结构

数码相机各按钮（如图 4-2 所示）的作用如下。

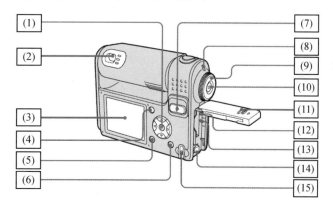

图 4-2　数码相机按钮示意图

（1）控制按钮。

打开菜单：▲ / ▼ / ◀ / ▶ / ● 。

关闭菜单：⚡ / ⏱ / 🔄 / 🌷 。

模式拨盘：快门速度 / 光圈值。

（2）取景器（如图 4-3 所示）。

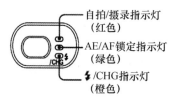

图 4-3　取景器

（3）LCD 屏幕。

（4）▯◻▯（显示 /LCD 开 /LCD 关）按钮。

（5）MENU 按钮。

（6）▦ / 🗑（影像尺寸 / 删除）按钮。

（7）对于拍摄：变焦（W/T）按钮。

对于查看：⊖ /⊕（播放变焦）按钮 / ▨（索引）按钮。

（8）POWER 指示灯。

（9）模式拨盘。

（10）POWER 按钮。

（11）电池 /Memory Stick 盖。

（12）存取指示灯。

（13）RESET 按钮。

（14）电池释放杆。

（15）腕带挂钩。

二、模式拨盘

使用相机之前，在模式拨盘上将所需的标记拨到"0"位置（如图 4-4 所示）。

（1）📷（自动调节）。对焦、曝光和白平衡可自动调节，使得拍摄更加轻松。影像质量设置为"精细"。

（2）P（程序自动拍摄）。与自动调节一样，拍摄调节也是自动执行的。但是，程序自动拍摄可以随意地调节对焦等。此外，它还可以使用菜单设置所需的功能。

（3）M（手动曝光拍摄）。可以手动调节快门速度和光圈值。此外，手动曝光拍摄还可以使用菜单设置所需的拍摄功能。

（4）SCN（场景选择）。可以根据现场的场景条件轻松拍摄出亮丽的照片，还可以使用菜单设置所需的拍摄功能。

（5）SET UP（设置）。可以更改相机的设置。

（6）🎞（拍摄电影）。可以拍摄电影。

（7）▶（播放/编辑）。可以播放或编辑静止影像或电影。

图4-4　模式拨盘

三、设置静止影像尺寸

（1）将模式拨盘设置为📷、P、M或SCN，就可以进行静止影像尺寸设置操作了（如图4-5所示）。

（2）按▦/🗑按钮，显示影像尺寸设置选项（如图4-6所示）。

图4-5　设置拨盘位置

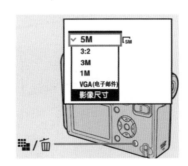

图4-6　影像尺寸设置选项

（3）使用控制按钮上的▲/▼选择所需的影像尺寸，即完成影像尺寸设置（如图4-7所示）。

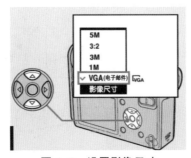

图4-7　设置影像尺寸

（4）在完成设置之后，按 ▦ /🗑 按钮，影像尺寸设置选项将从 LCD 屏幕上消失，即使关闭电源，此设置仍将保留。

📷 任务二　相机的操作

任务导入	各种袖珍型数码相机的操作大同小异，相机所设置的按键基本能满足拍摄需求。
任务目标	熟练各种按键的使用方法。

一、静止影像的拍摄

1. 使用 📷（自动调节）

（1）将模式拨盘设置为 📷，然后打开相机电源（如图 4-8 所示）。

（2）双手持稳相机，使目标位于对焦方框的中央。

（3）将快门按钮按下一半，并保持不动，此时相机自动对焦。

（4）相机发出"哗"声后，即可按下快门按钮，完成拍摄。

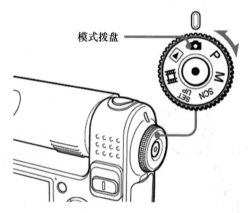

图 4-8　设置拍摄模式

2. 使用变焦功能

（1）按变焦按钮选择所需的变焦位置（如图 4-9 所示）。拍摄影像使用变焦时，距离目标的最小摄距约为距镜头表面 50cm。拍摄电影期间，不能更改变焦比例。

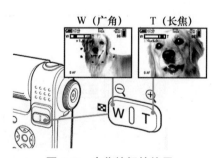

图 4-9　变焦按钮的使用

（2）变焦。相机具有变焦功能，包括光学变焦和数字变焦。

数字变焦包括智慧式变焦和精确数字变焦。如果设置了数字变焦，在变焦比例超过 3 倍时，变焦方式将从光学变焦切换为数字变焦。

若要只使用光学变焦，则应在 SET UP 中将［数字变焦］设置为［关］。在这种情况下，LCD 屏幕的变焦比例显示条中不显示数字变焦区域，并且最大变焦比例为 3 倍。

影像放大方式和变焦比例随影像尺寸和变焦类型而有所不同，因此拍摄者应根据拍摄目的来设置变焦。

在按变焦按钮时，LCD 屏幕上显示变焦比例指示符（如图 4-10 所示），图 4-10 中的 W 侧是光学变焦区域，T 侧是数字变焦区域。

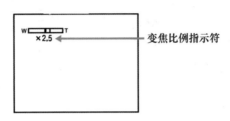

图 4-10　变焦的操作

（3）变焦比例指示符随变焦类型不同而有所不同。

光学变焦：X。

智慧式变焦：🄢🔍×。

精确数字变焦：🄟🔍×。

（4）在使用数字变焦时，不显示 AF 范围取景器方框，▉▉ 或 ▉▉ 指示符闪烁，并且 AF 将工作的优先级放在靠近中间的目标上，放大影像，几乎不会失真。

如果要使用智慧式变焦，需在 SET UP 中将［数字变焦］设置为［智慧式变焦］。默认设置为［智慧式变焦］。

最大变焦比例视选择的影像尺寸而定，影像尺寸对应的最大变焦比例如表 4-1 所示。

表 4-1　影像尺寸对应的最大变焦比例

影像尺寸	最大变焦比例
［3M］	3.8 倍
［1M］	6.1 倍
［VGA］（电子邮件）	12 倍

在［影像尺寸］设置为［5M］或［3:2］时，不能使用智慧式变焦。影像尺寸的默认设置为［5M］。

（5）使用智慧式变焦功能时，LCD 屏幕上的影像看上去可能有些模糊。但是，这不会影响拍摄的影像质量。

光学变焦、智慧式变焦和精确数字变焦的拍摄效果如图 4-11 所示。

(a) 光学变焦——海鸥

(b) 智慧式变焦——海鸥

(c) 光学变焦——狗

(d) 精确数字变焦——狗

图 4-11　光学变焦、智慧式变焦和精确数字变焦拍摄效果

（6）　在多段模式下不能使用智慧式变焦。

3. 快速检视最后拍摄的影像

按下控制按钮上的◀键，选择 🔄，就能快速检视最后拍摄的影像（如图 4-12 所示）。若要返回拍摄模式，则需再次按控制按钮上的◀键或轻按快门按钮。

由于影像在显示时会经历一个处理过程，因此在显示初始时看起来可能会较为模糊。

4. 用宏功能拍摄特定镜头

拍摄花或昆虫等目标的特写镜头时，可使用宏功能。当变焦设置在 W 侧时，可以拍摄距离近达 8 cm 的目标。不过，有效的对焦距离取决于变焦位置，因此在拍摄特写镜头时建议将变焦设置在 W 侧。因为当变焦设置在 W 侧时，目标距离镜头末端约 8 cm；当变焦设置在 T 侧时，目标距离镜头末端约 25 cm。

具体操作如下。

（1）将模式拨盘设置为拍摄状态，如 📷、P、M、SCN 等，然后按控制按钮上的 ▶键，选择 🌷，宏指示符显示在 LCD 屏幕上（如图 4-13 所示）。

（2）使拍摄目标在取景框中居中，把快门按钮按下一半以便对焦，然后再将快门按到底。

图 4-12　快速检视最后拍摄的影像

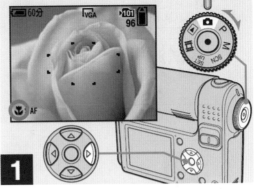

图 4-13　使用宏功能

若要返回正常拍摄，需再次按控制按钮上的▶键，宏指示就从 LCD 屏幕上消失了。

在宏模式下拍摄时，要使用 LCD 屏幕。如果使用取景器，所看到的范围和实际拍摄的范围可能不一致。这是由视差效果造成的。以宏模式拍摄时，对焦范围较窄，因此可能无法对整个目标对焦；而且对焦调节将会变得更慢，从而可对近距离目标精确对焦。

5. 使用自拍定时

（1）将模式拨盘设置为拍摄状态，如 ▣、P、M、SCN 等，然后按控制按钮上的 ▼键，选择 ⟳，自拍定时指示符显示在 LCD 屏幕上（如图 4-14 所示）。

图 4-14　使用自拍定时

（2）使拍摄目标在取景框中居中，把快门按钮按下一半以便对焦，然后再将快门按到底。按下快门后，自拍定时指示灯将会闪烁，当听到"哔"声后，相机将在大约 10 秒后拍摄影像。

切记：不要站在相机前面按下快门按钮，否则可能导致焦距和曝光设置不正确。

若要返回正常拍摄，需再次按控制按钮上的▼键，自拍定时指示就从 LCD 屏幕上消失了。

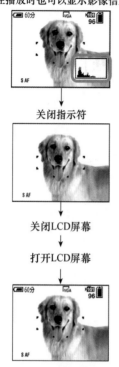

打开柱状图
在播放时也可以显示影像信息

↓

关闭指示符

↓

关闭LCD屏幕

↓

打开LCD屏幕

图4-15　取景器的使用

6. 使用取景器拍摄影像

当LCD屏幕有问题或为了节省电池电源时，可使用取景器拍摄影像。每按一次按钮，屏幕将依次出现关闭指示符、关闭LCD屏幕、打开LCD屏幕（有指示符）的指示（如图4-15所示）。但要注意以下问题。

（1）通过取景器看到的影像并不表示实际可摄录范围，这是由视差效果造成的，若要确认准确的可摄录范围，必须使用LCD屏幕。

（2）使用取景器拍摄影像时，即关闭LCD屏幕时，数字变焦不起作用。

7. 场景选择拍摄

根据不同的场景条件选择不同的模式，就会拍出精彩的照片，具体操作如下。

第一步：将模式拨盘设置为SCN，然后按下MENU按钮（如图4-16所示）。

第二步：通过控制按钮上的◀键选择SCN，然后用▲/▼键选择所需的场景（如图4-17所示）。

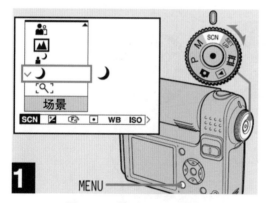

图4-16　按下MENU按钮

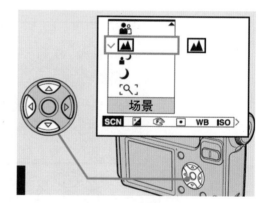

图4-17　设置场景

二、查看影像

我们既可以在相机上查看影像，也可以在电视机上查看影像。

1. 在相机上查看影像

（1）单幅查看。将模式拨盘设置为 ▶ ，然后打开相机，屏幕上将显示文件夹中最新的影像。由于影像在显示时会经历一个处理过程，因此在开始时看起来可能会较模糊（如图4-18所示）。通过控制按钮上的◀/▶键可选择所需的影像。

（2）索引查看。按 ▦ 键，即变焦W按钮，屏幕上以分屏同时显示九幅影像，按控制按钮上的▲／▼／◀／▶键可以上下左右移动黄色框，黄色框中的影像被选定。若要返回单幅影像屏幕，可按变焦按钮 T 或按控制按钮●（如图 4-19 所示）。

图 4-18　单幅查看影像

图 4-19　索引查看影像

2. 在电视机上查看影像

我们也可在电视机上查看影像（如图 4-20 所示），操作如下。

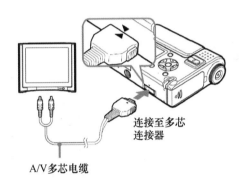

图 4-20　在电视机上查看影像

（1）将 A/V 多芯电缆的一端连接至相机的多芯连接器，另一端连接至电视机的音频／视频输入插孔。

（2）打开电视机，将 TV/Video 开关设置为 Video。

（3）将模式拨盘设置为 ▶，然后打开相机，按控制按钮上的◀／▶键，选择需要查看的影像。

三、删除影像

由于在拍摄过程中经常拍出一些效果不好的或多余的影像，而这些影像占用存储卡空间，这时需要进行删除操作。删除影像具体操作如下。

1. 删除静止影像

（1）将模式拨盘设置为 ▶，打开相机，通过控制按钮上的◀／▶键选择要删除

的影像。但要注意，影像一旦被删除，将无法恢复。

（2）按 ▦/🗑 键（如图4-21所示）。

（3）通过控制按钮上的▲键，选择［删除］，然后按控制按钮●。此操作无法删除受保护的影像。

（4）若要继续删除其他影像，可通过控制按钮上的◄/►键选择要继续删除的影像，然后按控制按钮上的▲键，选择［删除］，然后按控制按钮●。

（5）若要取消删除，可按控制按钮上的▼键，选择［退出］，然后按控制按钮●；也可直接按 ▦/🗑 键。

2. 在索引屏幕上删除影像

（1）按 ▦ 键，显示索引屏幕时，按 ▦/🗑 键。

（2）通过控制按钮上的◄/►键选择［选择］，然后按控制按钮●（如图4-22所示）。

（3）通过控制按钮上的▲/▼/◄/►键选择要删除的影像，然后按控制按钮●。被选定要删除的影像上出现 🗑 标记，但此时还没被删除。

（4）按 ▦/🗑 键，通过控制按钮上的►键选择［确定］，然后按控制按钮●，LCD屏幕上将显示"存取"，同时所有带 🗑 标记的影像被删除。

（5）若要取消删除，可按控制按钮上的▼键，选择［退出］，然后按控制按钮●。

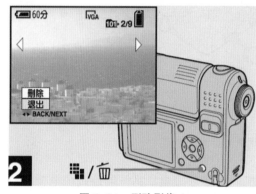

图4-21　删除影像1

图4-22　删除影像2

四、拍摄影像对焦的选择

1. 选择自动对焦方法

自动对焦方法包括设置AF范围取景器方框（根据目标的位置和大小选择对焦位置）和AF模式（在相机开始和停止对目标进行对焦时自动设置）。

（1）设置AF范围取景器方框。AF范围取景器方框有多重AF模式和中心AF模式两种设置，默认为多重AF模式。

多重AF模式下，相机将从上、下、左、右、中五个不同方位以及影像中心计算到目标的距离，允许使用自动对焦功能进行拍摄，而无须理会影像的成分。对由于目标未处于方框中心导致的难以对焦，此功能非常有用。多重AF模式下，我们可以使用绿色的方框检查对焦的位置（如图 4-23 所示）。

中心 AF 模式设置的只是方框中心部分。通过使用 AF 锁定方法，我们可以拍摄出所需的影像成分（如图 4-24 所示）。

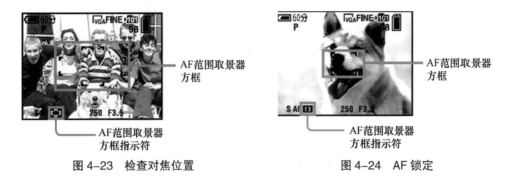

图 4-23　检查对焦位置　　　　　　　　图 4-24　AF 锁定

具体操作是：将模式拨盘设置为 P、M、SCN 或 ▦ 模式，按下 MENU 按钮，屏幕上将出现菜单，通过◀ / ▶选择 ⒡ （对焦），然后通过▲ / ▼选择［多重 AF］或［中心 AF］。

当将快门按钮按下一半并将其按住，且已调节对焦时，AF 范围取景器方框的颜色将从白色变为绿色。

（2）设置 AF 模式。AF 模式包括单按 AF 模式和监控 AF 模式，默认为单按 AF 模式。

单按 AF 模式在拍摄静止目标时非常有用。此模式下，将快门按钮按下一半并将其按住，并且完成 AF 锁定之后，对焦将被锁定（将快门按钮按下一半，但并未按住之前，相机不会调节对焦）。

监控 AF 模式可缩短对焦所需的时间。此模式下，在将快门按钮按下一半并将其按住之前，相机会自动调节对焦，可以使用已调节的对焦合成影像，将快门按钮按下一半并将其按住。在完成 AF 锁定之后，对焦将被锁定。此模式下，电池耗电程度会高于单按 AF 模式。若在关闭 LCD 屏幕的情况下使用取景器进行拍摄时，相机将会以单按 AF 模式进行工作。

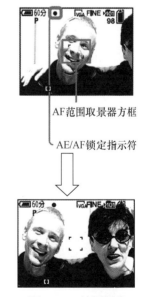

AF 范围取景器方框

AE/AF 锁定指示符

具体操作是：将模式拨盘设置为 SET UP，通过▲选择 ◻ ，然后通过▶ /▲ 选择［AF 模式］，再通过▶ /▲ /▼选择所需的模式，按控制按钮●。

拍摄技巧：　在目标位于方框边缘时或者使用中心 AF 模式拍摄时，相机可能会拍摄对焦方框的中心，而不是方框边缘的目标。在这种情况下，我们可以使用 AF 锁定对焦目标，然后重新合成画面并拍摄。合成拍摄操作如下：　使目标位于 AF 范围取景器的中心，并按下一半快门按钮，当 AE/AF 锁定指示符停止闪烁并保持亮起时，返回完全调整后的拍摄状态，然后完全按下快门按钮（如图 4-25 所示）。

图 4-25　拍摄影像

2. 焦距预设方法

使用先前设置的目标距离拍摄影像时，或者透过网格或窗户玻璃拍摄目标时，在自动对焦模式下难以获得正确对焦。在这种情况下，使用焦距预设更为方便，具体操作如下。

（1）将模式拨盘设置为 P、M、SCN 或 ▶ 。

（2）按下 MENU 按钮，屏幕上将显示菜单。

（3）通过 ◀ / ▶ 选择 ⒡ ，然后通过 ▲ / ▼ 选择与目标的距离（如图 4-26 所示）。距离设置的选项有 0.5 m、1 m、3 m、7 m、∞（无穷远），最后选择［多重 AF］或［中心 AF］模式，返回自动对焦模式。

图 4-26 选择与目标的距离

五、曝光

1. 手动曝光

曝光是指数码相机可以接收的光线量。曝光数值根据光圈和快门速度的组合而变化。在光线量增大时，影像变得更明亮（发白）；光线量减小时，影像变得更阴暗。适当的光线量称为正确曝光。正确曝光可通过在光圈值减小时设置较快的快门速度，或者在光圈值比正确曝光的值有所增加时设置较慢的快门速度来维持。

我们可以手动调节快门速度和光圈值。设置值和由相机确定适当曝光之间的差异将会以 EV 值显示在 LCD 屏幕上，0EV 表示由相机设置的最合适的值。具体操作如下。

（1）将模式拨盘设置为 M。

（2）按控制按钮●，LCD 屏幕的左下角的"设定"将变为"返回"，并且相机进入手动曝光设置模式。

（3）使用 ▲ / ▼ 选择快门速度，快门速度可以设置为 1/500 秒～30 秒（如图 4-27 所示）。如果选择 1/6 秒或更慢的快门速度，则慢速快门功能将自动激活，在这种情况下，快门速度指示符的旁边将显示"NR"。

（4）使用 ◀ / ▶ 选择光圈值。根据变焦位置，可以选择三种不同的光圈值：当变焦设置在 W 侧时，有 f3.5/f5.6/f8.0 三个值；当变焦设置在 T 侧时，有 f4.2/f6.3/f9.0 三个值。

（5）如果完成设置后仍然无法获得正确的曝光，在将快门按钮按下一半时，EV值将会在 LCD 屏幕上闪烁。虽然在这种情况下仍然可以拍摄，但是必须重新调节正在闪烁的值，才能获得正确的曝光。

（6）若要取消手动曝光模式，将模式拨盘设置为除 M 之外的任意位置即可。

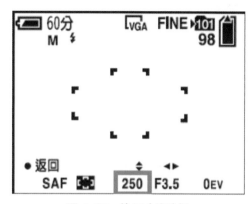

图 4-27　快门功能选择

2. 调节曝光 EV 值

当手动调节相机曝光值而无法获得适当的曝光时，例如当目标与其背景反差较大时（亮或暗）时，则可以使用调节曝光 EV 值的方法。EV 值可设置为＋2.0 EV ～－2.0 EV，增量为 1/3EV。具体操作如下。

（1）将模式拨盘设置为 P、SCN 或 ▦ 。

（2）按下 MENU 按钮，屏幕上将出现菜单（如图 4-28 所示）。

（3）通过◀选择 ✦ （EV），屏幕显示 EV 值。

（4）通过▲ / ▼选择所需的 EV 值。

3. 利用柱状图调整曝光

柱状图是表明影像亮度的图表。横轴表示亮度，纵轴表示像素值。图表显示越向左偏，影像越暗；越向右偏，影像越亮。如果在摄录或播放期间难以看清 LCD 屏幕，则可以通过此柱状图检查曝光情况（如图 4-29 所示）。

图 4-28　菜单

4-29　柱状图调整曝光

具体操作是：将模式盘设置为 P 或 SCN，按 ▯▯ 显示柱状图，然后根据柱状图调整曝光。摄录前的柱状图表示当时显示在 LCD 屏幕上的影像的柱状图。按下快门按钮前后的柱状图有所不同，如果出现这种情况，在播放单幅影像或快速检视期间检查柱状图。

但在下列情况下柱状图无法显示。

（1）在数码变焦区域内摄录时。

（2）影像尺寸为［3:2］时

（3）播放以多段模式拍摄的影像时。

（4）旋转静止影像时。

（5）使用播放变焦时。

（6）拍摄或播放电影时。

在以下情况下柱状图可能会出现很大的差异。

（1）启用闪光灯时。

（2）快门速度设置为"低"或"高"时。

六、高级拍摄

1. 连拍

连拍即连续拍摄影像。一次拍摄可以连拍的影像数取决于影像大小和影像质量设置。但是如果电池电量不足或 Memory Stick 的容量用完时，即使按住快门按钮，拍摄工作也会停止。连续拍摄影像的具体操作如下。

（1）将模式拨盘设置为 ▣ 、P、M 或 SCN。

（2）按下 MENU 按钮，屏幕上将出现菜单。

（3）通过 ◄ / ► 选择［MODE］，然后通过 ▲ / ▼ 选择［连拍］。

（4）拍摄影像。在按住快门按钮时，可以一直拍摄影像，直到达到影像的最大数量。如果在拍摄中间松开快门按钮，拍摄将会停止。当"正在记录"字样从 LCD 屏幕上消失后，即可进行下一次拍摄。连续拍摄的最大影像数量如表 4-2 所示。

表 4-2　连续拍摄的最大影像数量

影像分类	精细影像的数量 / 幅	标准影像的数量 / 幅
5M	9	15
3 : 2	9	15
3M	13	24
1M	32	59
VAG（电子邮件）	100	100

（5）若要返回标准模式，可通过 ◄ / ► 选择［MODE］，然后通过 ▲ / ▼ 选择［普通］。

需要注意的是：在使用自拍定时功能时，可连续拍摄多达 5 幅影像。在模式拨盘设置为 M 时，不能选择 1/6 秒或更慢的快门速度。

2. 在多段模式下拍摄

在多段模式下拍摄时，按一次快门按钮可拍摄 16 帧，这样便于检查运动动作，具体操作如下。

（1）将模式拨盘设置为 📷、P、M 或 SCN。

（2）按下 MENU 按钮，屏幕上将出现菜单。

（3）通过◀ / ▶选择［MODE］，然后通过▲选择［多段］。

（4）通过◀ / ▶选择 📖（间隔），然后通过▲ / ▼选择所需的帧间时间间隔（如图 4-30 所示）。时间间隔可以选择［1/7.5］、［1/15］或［1/30］。

需要注意的是： 在使用自拍定时功能时，帧间时间间隔将自动设置为［1/30］。在模式拨盘设置为 M 时，设置的快门速度不能慢于 1/30 秒。

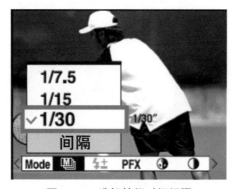

图 4-30 选择帧间时间间隔

七、电影的拍摄与处理

1. 拍摄电影

利用数码相机可以拍摄有声的电影，摄录时间的长短由存储卡容量决定，当存储卡容量用完时摄录自动停止，具体操作如下。

（1）将模式拨盘设置为 🎞️。

（2）按 🔳 / 🗑️，显示影像尺寸设置。

（3）通过▲ / ▼选择所需模式，有［640（标准）］和［160］两种可供选择。

（4）完全按下快门按钮，"录影"会出现在 LCD 屏幕上，相机开始摄录影像和声音。若要停止摄录，只要再次完全按下快门按钮即可。

2. 查看电影

（1）将模式拨盘设置为 ▶。

（2）通过控制按钮上的◀ / ▶选择要查看的电影。

（3）按控制按钮●，电影即开始播放，影像尺寸为［640（标准）］的电影在播

放时会全屏显示，影像尺寸为［160］的电影在播放时其尺寸小于静止时的影像尺寸。在播放时，播放条上的进程光标会移动（如图 4-31 所示）。若要停止播放，再次按控制按钮●即可。

播放条

图 4-31 播放电影

（4）在播放过程中，可通过 ▲／▼ 选择音量的大小。若要重放电影，可按 ◀ 或 ▶。

3. 删除电影

（1）将模式拨盘设置为 ▶，打开相机，通过控制按钮上的◀／▶键选择要删除的电影。但要注意，电影一旦被删除，将无法恢复。

（2）按 ▦／🗑 键。

（3）通过控制按钮上的▲键，选择［删除］，然后按控制按钮●。此操作无法删除受保护的电影。

（4）若要继续删除其他电影，可通过控制按钮上的◀／▶键选择要删除的电影，然后按控制按钮上的▲键，选择［删除］，然后按控制按钮●。

（5）若要取消删除，可按控制按钮上的▼键，选择［退出］，然后按控制按钮●；也可直接按 ▦／🗑 键。

八、影像输出

在将电脑与数码相机连接好的情况下，可以通过以下方式输出影像。

（1）双击"我的电脑"，双击"Sony Memory Stick"，再双击"DCIM"，就可以看到文件夹"101MSDCF"，这就是"Memory Stick"中存储影像的文件夹，选择这个文件夹并将它复制到指定的位置。

（2）使用 Windows XP 向导复制影像，在向导框内双击"打开文件夹以查看文件"，然后再双击"DCIM"，就可以看到文件夹"101MSDCF"，这就是"Memory Stick"中存储影像的文件夹，选择这个文件夹并将它复制到指定的位置。

（3）使用 Windows XP 向导复制影像，在向导框内双击"将图片复制到计算机上的一个文件夹"，然后再单击下一步［Next］，此时显示"Memory Stick"中存储的影像，选择要复制的影像并将其复制到指定的文件夹。

项目二　单镜头反光型数码相机的使用

📷 任务一　拍摄模式与对焦模式的选择

任务导入	单镜头反光型数码相机一般都具备 P、S、A 和 M 模式以及自动对焦与手动对焦方式，根据不同的拍摄需要可选择不同的拍摄模式和对焦方式。
任务目标	掌握各种拍摄模式和对焦方式的使用方法。

这里以尼康或佳能单镜头反光型数码相机为例介绍单镜头反光型数码相机的使用方法。

一、模式拨盘

P、S、A 和 M 模式下，拍摄者可对多种参数进行设置。每个模式下拍摄者都可以不同程度地控制快门速度和光圈（如图 4-32 所示）。

图 4-32　模式拨盘

1. P 模式

此模式可实现程序自动曝光，即相机自动设置了光圈和快门速度的最佳组合，但拍摄者可以根据需要调整组合。主拨盘向左是调慢快门速度并缩小光圈，向右是调快快门速度并增大光圈。例如，相机测光后给出的光圈和快门速度的组合是 F8、1/40 秒，向左拨的时候就可能会变成 F9、1/30 秒（即光圈缩小、快门变慢），向右则会变成 F7.1、1/50 秒（即光圈变大、快门变快），这时曝光基本没有变，但是景深肯定会变化。出现 P* 时说明目前的数值不是最初的设定（即相机测光系统给出的最佳组合）。如果拨动后没有变化，说明光圈已经是最大值了，如果再提高快门速度就会欠曝，反之亦然。

2. S 模式

在此模式下，由拍摄者自行手动设置快门速度，相机自动选择光圈进行组合，达到曝光的最佳效果。

当拍摄者需要确定快门速度时，S 模式是最好的选择。所以，此模式常用于：高速快门条件下拍摄运动画面的瞬间；慢速快门条件下拍摄如水流、瀑布犹如丝绸般的质感；慢速快门条件下长时间拍摄夜景；追随拍摄运动体（追随拍摄法）。

3. A 模式

在此模式下，由拍摄者自行手动设置所需的光圈大小，然后由相机根据拍摄现场光线的明暗、CCD/CMOS 感光度以及手动设定的光圈等信息自动选择一个适合曝光所要求的快门速度，实现准确的曝光。A 模式适合于重视景深效果的拍摄。光圈可以控制景深的大小，所以光圈优先主要应用于需要优先考虑景深的拍摄场合。例如，采用大光圈拍摄花卉、人物特写等内容时，通常要求主体比较"抢眼"，这时可通过光圈优先模式选用最大光圈，如 F2 或 F2.8，并结合长焦距和近距离进行拍摄。

4. M 模式

在此模式下，拍摄者需要根据实际情况自行设置快门速度和光圈，主指令拨盘选择快门、副指令拨盘选择光圈。快门速度"bulb"或"—"可用于长时间曝光，但此时必须使用三脚架以防止由于相机晃动而造成画面模糊。

P 模式下的程序自动曝光、S 模式下的快门优先自动曝光、A 模式下的光圈优先自动曝光本质上都是由相机本身控制而获得最佳曝光，区别在于"快门优先自动曝光"可以在更大范围（30 ~ 1/4000 秒），用更准确的数字由拍摄者根据需要主动确定快门速度，由相机被动确定光圈大小；光圈优先自动曝光则是由拍摄者根据需要主动选择合适的光圈，由相机被动确定快门速度。在这三种模式下，曝光控制的优劣由相机性能决定，这恐怕是好相机能拍出好照片的原因之一。

二、对焦模式

1. 自动对焦

（1）将对焦模式选择器转至 AF，有 A、M 两挡（有的相机是 M/A、M 两挡）可供选择，将镜头选择在 M/A（手动优先自动对焦）或 A 挡上。

对焦模式选择器转至 AF 时，有三种自动对焦模式可供选择，按 AF 的同时转动主指令拨盘进行选择。

① AF-A 自动选择（相机默认设定），拍摄静止的对象时单次伺服自动对焦，拍摄移动的对象时连续伺服自动对焦。

② AF-S 单次伺服自动对焦，适用于拍摄静止的对象。

③ AF-C 连续伺服自动对焦，适用于拍摄移动的对象。

（2）转动镜头变化焦距选择需要拍摄的画面。

（3）半按快门相机将自动对焦。

在 AUTO 和闪光灯关闭模式下，相机自动选择自动对焦 AF-A 模式，对焦完成后，对焦指示（蓝点）将出现在取景器中。若（蓝点）闪烁，说明相机无法自动对焦，应改用手动对焦。在人像、风光和夜间场景模式下，相机自动选择对焦点。在花卉场景模式下，相机对焦于中央对焦点的拍摄对象。在运动场景模式下，相机连续对焦，跟踪中央对焦点的拍摄对象。

（4）在即时取景时自动对焦有三种模式。

① 脸部优先，适用于人像拍摄。

② 宽区域，适用于手持相机拍摄风景和其他非人物对象（相机默认设置）。

③ 标准区域，适用精确对焦于画面中的所选点（推荐使用三脚架）。

按下 AF 的同时旋转指令拨盘，即可选择其中一种模式。

2. 对焦锁定

如果在拍摄时能将主要拍摄对象置于画面的任一位置，可通过对焦锁定来实现对焦。若在相机自动选择对焦点模式下进行手动对焦点操作，个人设定要在 a1（AF 区域模式）选择为单点、动态区域或 3D 跟踪（11 个对焦点）。

对焦锁定模式操作如下。

（1）AF-A 和 AF-C 自动对焦模式。半按快门同时按下 AE-L/AF-L 钮可锁定对焦和曝光，需持续按住方可保持对焦锁定，进行连续拍摄。

（2）AF-S 自动对焦模式。自动锁定对焦，按下 AE-L/AF-L 钮也可锁定对焦。

3. 手动对焦

将镜头转换到 M 挡，将相机对焦模式选择器设为 M，调节对焦环直到影像清晰为止，半按快门，出现对焦指示（蓝点）后按下快门即可。

 任务二　视频拍摄等功能设置

任务导入	掌握录制视频的拍摄技巧；懂得多重曝光、设置包围曝光、白平衡的设置。
任务目标	用数码相机录制视频，进行多重曝光等。

一、视频拍摄

用单镜头反光型数码相机录制视频时，架上三脚架是十分有必要的，这样可以保证画面的稳定。

拍摄前，先进入菜单，在拍摄菜单页面有短片设定选项，选择"短片设定"，可以看见视频尺寸和声音选项，选择所需的参数（如图 4-33、图 4-34 所示）。

在实时取景模式下按 OK 键即可开始录制（如图 4-35 所示）。

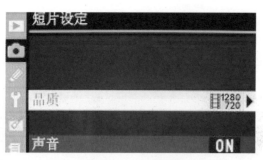

图 4-33　品质设定 1

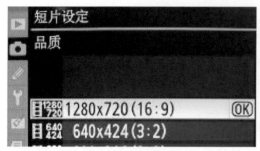 

图 4-34　品质设定 2　　　　　　　　图 4-35　拍摄视频确定

二、多重曝光拍摄

多重曝光是指在同一张照片上曝光多次，使本来不相关的景或物在同一张照片上成像。数码时代的多重曝光功能多数是机内合成，也可以通过后期电脑手段完成。而这里所说的多重曝光操作所表现的成像效果更加优秀，也免去了后期处理的烦琐。

多重曝光多用于拍摄夜景，通过多次曝光可以使天空没有黑之前的风景与夜晚城市的灯光相结合，表现出一种繁华的气象。使用多重曝光的最基本要求就是使用三脚架，可以保证多次曝光画面位置不变，否则会有重影出现。

在进行多重曝光操作时，由于使用了三脚架，所以最好关闭防抖功能，以防干扰（如图 4-36 所示）。

图 4-36　多重曝光设置

多重曝光设置在拍摄菜单页面里,进入之后可选择拍摄张数,可选2或3(如图4-37所示)。每次拍摄的曝光量要根据拍摄张数来进行欠曝处理,拍摄夜景时将动态D-Lighting的值设置高些,有助于使画面亮度更均衡。

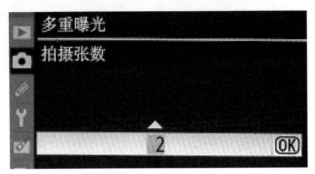

图 4-37　拍摄张数设置

通过多重曝光,我们能拍摄出更有创意的照片。利用多重曝光,我们可以将同一物体的不同状态记录在同一画面的不同位置,具体操作为: 用黑色遮挡物遮住不需拍摄的场景部分,进行第一次拍摄(如图4-38所示);然后再遮挡上一次拍摄的部分,进行第二次拍摄。倘若成功曝光的话,就可以呈现出同一物体在同一场景中出现两次的画面。

4-38　多重曝光操作

三、设置包围曝光

在拍摄高光比的场景时会用到包围曝光。当我们不确定曝光值是否正确的时候,使用包围曝光拍摄多张不同曝光值的照片,可以减少拍出不满意的照片的次数。按住BKT键的同时用拨轮可以设置包围曝光参数,拨动前拨轮调整曝光偏移量,拨动后拨轮调整拍摄张数(如图4-39所示)。拨动前拨轮完成曝光量偏移,以三分之一曝光量为步进值。拨动后拨轮调整拍摄张数,有2张及3张可供选择,选择2张时,可选择过曝偏移还是欠曝偏移。另外,通过设置菜单里的包围选项,可以达到使用BKT键完成包围曝光设置一样的效果,方法基本相同。

图 4-39　包围曝光的设置

四、手动设置白平衡

设置自定义白平衡：首先按下 WB 键，按住 WB 键的同时拨动后拨盘，选择 PRE 挡，然后再一次长按 WB 键，直到 PRE 挡闪烁，表示可以取样了，这时镜头选择手动对焦，对准白色或者灰色物体，使单一颜色充满画面，使用 A 挡按下快门即可。出现 GOOD 字样时表示成功设置；出现 NO GOOD 字样时表示没有设置成功，需要重新设置（如图 4-40 至 4-45 所示）。

图 4-40　手动设置白平衡 1

图 4-41　手动设置白平衡 2

图 4-42　手动设置白平衡 3

图 4-43　手动设置白平衡 4

图 4-44　手动设置白平衡 5

图 4-45　手动设置白平衡 6

思考题

1. 模式拨盘的各英文字母和图标都代表什么意思?

2. 如何删除单张照片和全部删除相机存储的照片?

3. 如何使用自动对焦和手动对焦?

4. 如何录制视频?

5. 什么情况下需要设置包围曝光?

6. 如何手动设置白平衡?

学习情境五
摄 影 曝 光

影响摄影效果的因素是多方面的，其中曝光是最基本也是最重要的因素。曝光不正确，无论采用什么技术方法进行补救，仍会在不同程度上损害影像的质量，或者说仍然无法取得最佳的影像效果。只有正确地曝光，才有可能取得最佳影像效果。

项目一　摄影曝光基础

 任务一　正确认识曝光

任务导入	曝光包括正确曝光与不正确曝光，曝光量的不同选择，会影响影像的清晰度。
任务目标	认识什么是曝光；掌握影响曝光量的因素有哪些。

一、对曝光的认识

通俗地说，在相机上通过一定的光圈和快门速度组合，即在快门开启时，让光线通过光圈的光孔，使数码感光器件成像，就叫作曝光。

1. 调节曝光量

根据被摄体的受光情况，结合所拍的照片所要表现的意图，选择光圈和快门速度的组合。

2. 曝光量影响影像的清晰度

曝光过度或不足都会使影像清晰度下降。曝光过度会导致影像轮廓线被柔化而显得不够清晰，而且亮的部分没有层次或细节；曝光不足会使构成影像的密度达不到要求而无法清晰地再现影像。

（1）光圈的大小。同一曝光量可以由许多组不同的曝光组合来实现，如F11、1/30秒，F8、1/60秒，F5.6、1/125秒，F16、1/15秒，F4、1/250秒等，它们的曝光量是相同的，但要选择什么组合，要根据拍摄者的需要而确定。光圈系数小，光孔大，景深范围小；光圈系数大，光孔小，景深范围大。因此，拍摄者应根据所拍影像景深大小需要，选择好光圈。

（2）快门速度。快门速度越慢，由于抖动而使影像虚糊得越厉害，因此要根据被摄体的动静情况选择好快门速度。如果被摄体是运动的，快门速度要选择快一些的；如果被摄体是静止的，快门速度可以选择慢一些的。当然，对于使用追随拍摄法拍摄动体是另外一种情况。一般来说，手持相机进行拍摄时，快门速度不能慢于安全快门，必要时可使用三脚架以保持相机稳定，否则会由于相机抖动而使影像虚糊。

二、影响曝光量调节的因素

光线的强弱是影响曝光量的重要因素，考虑曝光量时，应注意光线强度情况。

（1）照明光源的强弱。用于摄影的光源有两大类：自然光和人造光。但是，不管是哪类光源，对于具体的拍摄对象，照明光源的强弱都是变化多端的。

自然光照明：一天之内，光线强弱不断变化，早晚光线弱，上午和下午光线较强，中午光线最强；一年之内，春、夏、秋、冬光线强弱也不同，春秋季节的光线比夏季弱，比冬季强；有云遮日与无云遮日相比光线强弱变化更为明显；云厚、云薄也会使光线强弱变化不定。

人造光照明：同种材料的人造灯，灯的瓦数不同，灯光亮度也不同；不同材料制造的灯，灯光亮度也不同。

（2）被摄体的受光情况。在考虑光线强弱时，不仅要注意光源本身的强弱，更要注意被摄体的受光情况，因为使感光器件感光的实际上是被摄体的反射光而不是光源本身。不同的景物受光情况不一样，如景物可能受到的是顺光、逆光、半顺半逆光等情况，都会大大地影响反射光的强弱。因此，在确定正确的曝光组合时，要根据被摄体所处的位置光线情况来定，而不是根据外界的光线情况确定。如外界是阳光明媚，但所拍摄景物处在阴影处，这时只能根据景物所受的实际光线来确定曝光组合。

（3）是否使用滤光镜。由于大部分滤光镜都在不同程度上明显减弱了进入镜头的光线，因此对于拍摄同样光线条件下的被摄景物，是否使用滤光镜会使实际进入镜头的光线强弱不同，所以曝光量调节也应该不同，这样才能取得同样的曝光量。因此，使用滤光镜拍摄时，一般说来应相应开大光圈或调慢快门速度，否则会造成曝光不足。

📷 任务二　正确曝光

任务导入	拍摄前要能根据不同的光线确定正确的曝光参考组合，再根据实际的拍摄意境选择光圈和快门速度组合。
任务目标	熟记室外曝光参考表；掌握不同季节如何选择光圈和快门速度的组合。

一、曝光量的估计

1. 室外自然光曝光量的估计

在拍摄之前，要先根据现场的光线选择曝光组合，然后再根据实际需要考虑如何选择光圈和快门速度。表 5-1 为室外曝光参考表。

表 5-1　室外曝光参考表

天气情况	强烈阳光	晴天	厚云	阴天	重阴天
光圈	F16	F11	F8	F5.6	F4

针对表 5-1，说明如下。

（1）表 5-1 所提供的参考值适用于日出后两小时至日落前两小时。

（2）表 5-1 所提供的参考值适用春秋季节。在夏季，则应缩小一档光圈；在冬季，则应增大一挡光圈。

（3）表 5-1 中光圈对应的快门速度为感光度数值的倒数，且适用于被摄体的主要部分在顺光环境下。当被摄景体的主要部分在背光（逆光）环境中时，则选择的光圈应比表 5-1 推荐的开大 2～3 挡，或者放慢 2～3 挡快门速度。当被摄体主要部分在半顺半背光的环境中时，则选择的光圈应比表 5-1 推荐的开大一挡，或者放慢一挡快门速度。

具体操作如下。

（1）确定感光器件的感光度。在光线足够的情况下，感光度的数值越低，色彩越鲜艳，颗粒更细腻。

（2）确定快门速度。快门速度为感光度数值的倒数。如果感光度为 200，则快门速度则应设为 1/200 秒。

（3）根据表 5-1 确定光圈的值。如在"强烈阳光"下，光圈选择 F16。

（4）确定曝光正确组合的参考值。如"感光度为 200，在春天且强烈阳光下顺光拍摄"的条件下，正确曝光组合的参考值为 F16、1/200 秒。

（5）根据实际拍摄要求选择相应的光圈和快门速度组合。如要用快速拍摄模式，则可采用 F11、1/500 秒或 F8、1/1000 秒；若想用慢速拍摄模式，则可采用 F22、1/100 秒或 F32、1/50 秒。这些组合的曝光量是相同的，我们可以根据需要进行选择。但要注意所选择的光圈或快门速度必须是相机上有的，若相机上没有某挡，则只能选择最佳组合。如使用小光圈、大景深拍摄，则可选择 F32、1/50 秒，但若相机没有 F32 这挡，则只能选择 F22、1/100 秒。

2. 室内自然光曝光量的估计

室内自然光的亮度比室外要弱得多，除了与各种天气情况和不同季节、时间有关，还受诸如窗户的朝向、大小、多少、开或关及楼层的高低，室内墙壁颜色的深浅，是否有遮挡物等因素的影响。一般来说，当室外阳光明亮，拍摄者观察被摄体时也有明亮的感觉，如选择感光器件 ISO 100 挡，则曝光组合可用 F4、1/30 秒。

利用室内自然光曝光时，应注意被摄体的受光情况，尽可能避免被摄体主要部分有一半朝向进光门窗，另一半背向门窗，更要避免有直射阳光从门窗射入后直接照射在部分被摄体上。

3. 梯级曝光法

梯级曝光法又称"括弧式曝光法"或"加减曝光法"，就是用多种曝光量的调节来拍摄同一光线条件下的同一景物。例如，拍摄某一景物时，拍摄者认为应该用F5.6、1/30 秒的曝光量，但是又不是很有把握，那么就可以用 F5.6、1/30 秒拍一张，再用 F4、1/30 秒和 F8、1/30 秒各拍一张。这种拍法看起来多此一举，其实不然，它的实用价值主要表现在：（1）拍摄内容重要且一定要拍好时；（2）想取得曝光量准确的高质量影像时。此法无疑是能保证成功率的。

二、如何正确曝光

正确曝光是相对来说的，在同样的光照条件下，物体的浅色部分和深色部分的反光度不同，要用 CCD/CMOS 等电子感光器件正确地表现出物体，针对浅色和深色部分的曝光量也是不一致的。也就是说，在同一拍摄取景范围内，只要物体反光度不同，必然有部分区域曝光不足或曝光过度。所以，在这种情况下，只要我们能做到想要表现的主体曝光正确，这张照片就可以说是正确曝光了。现在的数码相机基本上都有自动测光功能，在大多数情况下都能让我们拍摄出曝光合适的照片。

如图 5-1 所示，拍摄者选择在阴天的时候拍摄，使得前后景的光线差别不大，因而拍摄出前景曝光正确，而后景也有细节反映的照片。如果在光线强的时间拍摄，光差较大，可能会使前景曝光正确的同时，后景几乎黑得无法反映细节。

图 5-1　曝光正确

三、如何正确测光

要得到正确的曝光，必须通过测光来确定需要多少曝光量。针对不同的情况需要使用不同的测光方式，才能得到正确的曝光。同时，掌握不同的测光模式，我们就可以根据需要更好地发挥光影创意。

数码相机测光的模式有平均测光、中央平均测光和点测光三种。测光模式的标志如图 5-2 所示。

平均测光（多区测光）　　　　中央平均测光　　　　　点测光

图 5-2　测光模式的标志

（1）平均测光，即对整个取景区平均计算测光值。

这是一般数码相机默认的基本测光模式，使用率最高。在取景范围内光线比较均匀，明暗反差不大的情况下，几乎都能拍摄出一张令人满意的照片。

（2）中央平均测光，是以取景范围中部的 30% 左右的区域平均测光为主的测光模式。

当需要表现的主体在取景范围中间部分，而环境明暗与主体有较大的差别时，选择中央平均测光，偏重对中央大部分区域测光，能使主体的曝光较为准确。

图 5-3 所示照片的构思是利用前景突出一种压迫感，表现故宫的尊威。拍摄的时候，主体城楼和前景的光差较大。拍摄者使用中央平均测光模式，整体测光以在取景范围内大致处于中间部分的城楼为主，拍摄出主体曝光合适、前景成为“剪影”的照片，符合构思目标。如果使用平均测光模式，主体可能曝光稍过，而前景的阴影中显现出太多细节，会使得画面比较凌乱。

图 5-3　中央平均测光

（3）点测光，又称重点测光，是对取景范围内的 1% ~ 5% 区域测光。

点测光模式适用于取景范围内光线分布不均而且反差很大的情况。这种情况下，如果不用点测光，可能会造成需要表现的主体曝光不正确——太亮或者太暗。

使用点测光的时候，需要把测光点对准需要表现的主体来测光。如果想要表现的主体不在中心点，可以先用点测光的测光点对准想要表现的主体进行测光，并使用相机的曝光锁定功能锁定对主体测光的数据，最后根据自己的想法，重新构图，对焦后按下快门。大多数数码相机的曝光锁定都有专门的按钮，能够使我们得以轻松地在曝光锁定后重新考虑构图。但也有一些数码相机的曝光锁定和对焦都是通过半按快门实现的，有些数码相机不提供单独的曝光锁定和对焦锁定，这时我们可以先对拍摄主体进行点测光后记下曝光数据，然后把相机的拍摄模式设置为 M 模式，把点测光的数据设定为曝光数据，然后进行构图和对焦。

如图 5-4 所示，从取景环境看，需要表现的主体荷花较亮，而荷叶等较暗，且茎秆参差不齐影响构图。如果采用平均测光，那么平均测光值就会偏向较暗环境的光线强度，拍摄得到的结果是荷叶、池塘曝光正确，而我们要表现的主体荷花会曝光过度。拍摄这张照片的时候，因为荷花反光较多，荷叶和池塘反光少，利用数码相机的点测光功能，我们可以对荷花花瓣进行点测光，就能实现对荷花的正确曝光，突出荷花的美丽，而池塘曝光不足，黑暗掩盖了参差不齐的茎秆，更好地强调了主体荷花。

图 5-4　点测光

项目二　电子闪光灯与滤镜的使用

📷 任务一　电子闪光灯的使用

任务导入	摄影离不开光，现场的光照条件并非任何时候对摄影都是理想的，有时光线太暗，有时光比太大，都难以得到较好的摄影效果，因此需要进行补光。
任务目标	认识闪光灯的种类；掌握闪光灯的使用技巧。

在 1839 年摄影术诞生后不到半个世纪，摄影者便开始运用"镁粉"，在拍摄的瞬

间点燃镁粉，照亮被摄体，这就是最初的闪光摄影。随着科学技术的进步，镁粉相继被闪光泡和电子闪光灯所取代。

在科技迅速发展的今天，无论是专业摄影者还是业余摄影者，在进行闪光摄影时，基本上都使用电子闪光灯。

电子闪光灯具有操作简便、使用灵活、体积小巧、便于携带的优点。它的发光强度极大，发光色温为 5500 K 左右，与标准日光色温相同。

一、电子闪光灯的选择

电子闪光灯的种类很多，从形式上可分为内装式与独立式闪光灯；从功能上可分为手动与自动闪光灯；从使用范围上可分为通用型与专用型自动闪光灯；从功率上可分为大功率与小功率闪光灯。

（一）内装式与独立式闪光灯

（1）内装式闪光灯：闪光灯内装于相机，与相机合为一体，使用时不能与相机分离。

优点：使用极为简便，无须考虑闪光灯曝光的调节问题。它依赖相机的自动曝光系统完成闪光曝光。

缺点：一般功率较小，闪光摄距一般为 4～5 m，且闪光灯是不可卸的。

（2）独立式闪光灯：闪光灯是独立的单体，使用时，既可置于相机所在位置，也可与相机分离。

优点：功率较大，功能较多，装卸方便，能用于各种相机。

（二）手动与自动闪光灯

（1）手动闪光灯：闪光灯的闪光量是相对稳定的，也就是说，闪光灯不能随着拍摄的实际需要而自动调节输出闪光量的大小。

这种闪光灯需要摄影者根据摄距的远近来计算、确定曝光组合，与自动闪光灯相比，操作比较烦琐，而且这种曝光量的计算常常是粗略的，优点是价格较低。

（2）自动闪光灯：闪光灯能在一定范围内随着拍摄的实际需要而自动调节输出闪光量的大小，达到准确曝光。

使用自动闪光灯时，只要在一定的距离范围内，拍摄者不必因摄距的变化而重新考虑曝光调节。自动闪光灯通常也具备手动操作的功能。

（三）通用型与专用型自动闪光灯

（1）通用型自动闪光灯。这种自动闪光灯不依赖相机的自动曝光系统而独立控制自动闪光。它的主要优点是能够用于各种相机，只要相机具有闪光连动装置，均能取得自动闪光曝光的效果。

（2）专用型自动闪光灯。专用型自动闪光灯的主要优点是与配套相机使用时，能实现较多的自动化功能，如自动调整相机的闪光同步速度，自动显示有关自动闪光曝光的情况等。先进的专用型闪光灯采用"TTL—OTF 自动闪光"，即通过相机镜头测量感光器件的反射光束来控制自动闪光量，从而使自动闪光可以"全光圈"使用，即在有效摄距内可以选择相机上的各种光圈配合自动闪光。

（四）大功率与小功率闪光灯

电子闪光灯的输出功率不仅有大小之分，而且还有可否手动调节输出功率之分。

（1）大功率与小功率。电子闪光灯的最大输出功率通常用闪光指数表示，电子闪光灯的闪光指数为16～45。闪光指数为18左右的属于小功率闪光灯，闪光指数为30左右的属于中功率闪光灯，闪光指数为42左右的属于大功率闪光灯。

（2）输出功率可否调节。有的闪光灯可手动调节输出功率，这种调节功能最少的是调节为全光或半光，最多的可以调节为全光、1/2光、1/4光、1/8光……直至1/128光。这种闪光灯的主要优点是：在近距离拍摄时便于使用大光圈获取小景深，能加速回电时间，节省电能。

二、闪光灯的使用方法

闪光灯的使用方法主要有两种：一是把闪光灯作为摄影的主光源，即被摄体上的光线主要来自闪光灯照明；二是把闪光灯作为辅助光源，即被摄体上的光线主要来自现场光照明，闪光灯起辅助照明作用。

（一）闪光灯作为主光源的使用方法

1.单灯的用法

（1）机位直接闪光法。"机位"是指闪光灯位于相机的位置。"直接"是指闪光直接照向被摄体。这种方法的优点是操作简便，使用灵活，光线效果明亮，影像清晰度高，是常用的闪光拍摄方法之一。

（2）侧位直接闪光法。"侧位"是指闪光灯离开相机的位置，常用的位置是相机的左上方或右上方。"直接"是指闪光直接照向被摄体。这种方法的优点是能产生较好的立体感，避免"黑影环"和"红眼效果"的产生。

（3）反射闪光法。这种方法是把闪光直接照向天花板，墙壁或反光板等反射物上，使反射物再反射光照亮被摄体。这种方法的优点是光线柔和、自然。

（4）慢门闪光法。"慢门"是指使用1/30秒以下——"B"门或"T"门进行闪光摄影。慢门闪光可采用一次闪光，也可采用多次闪光。慢门闪光法的主要优点是可以提高背景亮度，提高闪光量，扩大闪光范围。

2.双灯的用法

"双灯"是指拍摄时同时使用两只闪光灯，把两只闪光灯用于不同的位置，产生的效果也明显不同，其变化无疑比单灯更为多样。双灯的用法主要有以下三种。

（1）主光和辅助光结合。所谓主光和辅助光结合，实际上就是把一只闪光灯照作为主光照到被摄体上，闪光量大些；另一只闪光灯作为辅助光，闪光量小些。

我们可通过两种途径来达到这个目的：一是将两只灯调节为不同的输出光量；二是调节两只闪光灯到被摄体的距离。主光与辅助光的光比，一般宜控制在3∶1左右。

（2）正面光和轮廓光结合。把一只闪光灯放在相机的位置并直接照向被摄体，作

为正面光；另一只闪光灯放在被摄体侧后方或正后方并直接照向被摄体，作为轮廓光，这种用法有点类似于室外逆光或侧逆光效果。被摄体承受的轮廓光的闪光量要大于正面光四倍以上才会有明显的轮廓效果。

（3）双灯均作为正面光。把两只闪光灯从相机的不同侧位照向被摄体。这种方法主要用于拍摄跨度较大的大场面，以提高闪光量或闪光范围。

（二）闪光灯作为辅助光源的使用方法

闪光灯作为辅助光源是指拍摄时以现场光作为主光源，闪光灯作为辅助光源。这种方法在日光下摄影时也经常用到。

在摄影过程中，我们经常碰到一些情况，如被摄体在室外处于逆光、侧逆光或受光不均匀的状态，或在室内自然光不足，这时就需要用闪光灯作为辅助光源。把闪光灯作为辅助光源最大的优点是既不破坏现场光线的气氛，又有利于被摄体暗部的表现。

把闪光灯作为辅助光源使用时应注意：

（1）曝光量调节以被摄体承受的现场光为主要依据。

（2）使用闪光灯时曝光量的估计要比实际调节曝光量减少 1～2 挡光圈。若摄距大，可减少 1 挡；若摄距小，可减少 2 挡。

📷 任务二　滤镜

任务导入	滤镜又称滤色镜、滤光镜，它是现代摄影中常用的摄影附件。对于摄影爱好者来说，滤镜是不可缺少的附件。
任务目标	认识各种滤镜；了解常用滤镜的吸光效果。

从使用的角度分，滤镜有彩色摄影滤镜和彩色、黑白摄影通用滤镜。从效果的角度分，滤镜有校色温滤镜、UV 镜、天光镜、彩虹镜、散射镜、螺旋镜、多影镜等一百多种滤镜。这里主要介绍以下几种常用滤镜。

一、彩虹镜

彩虹镜能使画面的明亮点周围呈现一圈五彩缤纷的颜色，或者产生光增色的光芒线条，即每一线条上都有红、黄、绿、蓝等颜色。彩虹镜的工作原理是在无色透明的镜片上刻有不同的散射线条，利用多重光栅使光源沿着不同方向进行色散，从而形成辐射状的彩色线条，鲜艳夺目。

彩虹镜产生的光芒线条有呈圆形的，也有呈菱形的。光芒线条也有多有少，因彩虹镜的设计不同而不同。在使用中，同一彩虹镜的效果也随光点强度、镜头焦距长短的变化而变化，光点越亮、越大，颜色也就越鲜艳，饱和度越强；镜头焦距越长，彩虹线离光点就越远、越粗犷，排列越疏松，直至"跑"出画面；镜头焦距越短，彩虹线离光点就越近、越清晰，排列越紧密。

彩虹镜主要用于一些发光体或反射光较强的明亮点（如太阳、电灯、金属、项链等）的拍摄。

二、UV 镜与天光镜

UV 镜又称紫外线滤镜。天光镜又称天空光滤镜。UV 镜和天光镜的主要功能都是阻挡紫外线，因此在使用时不需要曝光补偿。而且拍摄不存在紫外线、天空照射的景物时，UV 镜和天光镜不影响其色调色彩的再现，也不影响被摄体的形状，所以常被摄影者长期装在镜头上，还可以使镜头免受灰尘污染和意外损伤。

UV 镜主要用于拍摄开阔的远景，多用于航空摄影、高山摄影等；天光镜主要用于拍摄蓝天下的景物，以减小由于蓝色天空带来的偏蓝色调。

三、散射镜和螺旋镜

散射镜和螺旋镜都属于能产生特殊效果的滤镜，适用于拍摄背景色彩对比鲜明的具有多种色彩的景物。

散射镜作用于画面四周的背景，使背景的中心呈一无色透明状圆形，其他部分"刻"上了各种线条，拍摄效果是：位于滤镜圆形处的人物或景物清晰，其余部分呈强烈的散射虚线状影像。恰当地使用散射镜能给画面增添异彩。散射镜产生的效果跟光圈有关，光圈越小，效果越好。

用螺旋镜拍摄人像时能使人像周围的花草呈螺旋状，给人一种新鲜感（如图 5-5 所示）。使用这些滤镜要注意背景的选择，背景有多种色彩时效果最佳。

图 5-5 螺旋镜拍摄效果

四、多影镜

多影镜能产生部分重叠的多个影像，有 2 影、3 影、5 影、6 影等。拍摄时需注意如下问题。

（1）通过取景器检查多影效果。

（2）光圈大，多影重叠部分多，影像清晰度差；光圈小，多影重叠部分少，影像清晰度好。

（3）摄距不宜太近，否则被摄体占画面比例太大，效果不好。

（4）镜头焦距长，多影间距大；镜头焦距短，多影间距小。一般宜用标准镜头，若使用变焦镜头，一定要通过取景器检查变焦情况，以确定影像间距适中。

此外，还有很多能产生不同效果的滤镜，表 5-2 列举了部分滤镜的不同吸光效果。

表 5-2　部分滤镜效果

滤镜	效果
UV 镜	吸收紫外光，适用于高山摄影，野外摄影，清除紫外线对成像质量的影响。在采用长焦距镜头或拍摄远景物时，能清除肉眼难以觉察的大气对拍摄的影响，使景物成像清晰，色调正确，且在一般情况下不必取下，能起保护镜头的作用
近摄镜	用屈光度不同的玻璃制成，因屈光度不同，可分为 1、2、3、4 号，号数越大，成像的倍率越高，也可以同时使用两片近摄镜，能使原有的镜头焦距缩短，可拍摄比原来照相机所允许拍摄的最近距离更近的文件、特写等
柔光镜	在透明的玻璃上有疏密不同的圆形波纹，或者是许多不规则的小平面，或金属丝，或纤维织成的网片，达到射线分割折射线的目的，适用拍摄人物特写，使画面柔润悦目
偏振镜	也称偏光镜，在摄影中经常会遇到被摄体的自身反光，如玻璃器皿、反光金属制品和油漆制品，常常会有耀斑或反光产生，这种现象即是光线中的偏振作用，要消除这种偏振光，必须使用偏振镜
多影镜	是各种光学玻璃仪器制成的，以一次曝光就能把一个景物在一张画面里同时拍成 2 个、3 个、4 个、5 个影像，也称多棱镜。宜拍摄构图简单、独立成像的景物、人物等
星光镜	适用于灯光辉煌的夜景，或星光与太阳的拍摄，能产生光芒四射的效果，可渲染夜晚的灯光气氛或达到其他艺术效果
雾化镜	能使画面获得薄雾的效果，即在保持原有层次、反差和色彩的基础上，使影像表面笼罩上一层纱幕，拍摄风光照片时效果较好
晕化镜	玻璃的中间开一个圆孔，周围呈砂粒状。因为中间有孔，不会影响聚焦，拍摄人像时，将圆孔对准人面部可以获得较高的清晰度，而面部四周则是呈朦胧晕化的效果
彩虹镜	拍夜景时能使车灯、路灯和河面闪光的波浪闪烁呈现十字光芒的效果，拍人像会使有光亮的戒指、项链、耳环等呈现光芒四射的效果
朦胧镜	在镜片中能突出中间清楚、周围薄雾的效果。拍摄人像时，人像清楚，而四周则是呈现朦胧的效果
散射镜	适用于在公园及花草中拍摄人像时产生中间清晰、边缘有光芒的效果
螺旋镜	拍摄人像时能使人像周围的花草呈螺旋状，给人一种新鲜感
速度镜	镜面的一半部分有波纹，另一半则完全透明，在拍摄人像或各种物体、风景时，会产生特殊效果，给人一种艺术感
立体镜	由一种光学玻璃制成，在拍摄人像时，人像中间清楚，边缘呈立体感，还可产生其他艺术效果
散柔镜	在透明的玻璃上有疏密不同的圆形波纹，有分割折射线的作用，适用于拍摄人物特写，使照片柔和悦目，增强其艺术效果
旋涡镜	在海浪中及花草树木中拍摄人像，会产生旋涡状的特殊效果
魔幻镜	用于拍摄具有幽默效果的人像，使用这种滤镜拍人像时，可使人物脸部拉长或压扁 12% 左右。用魔幻镜拍摄风景、建筑、汽车等景物也能取得戏剧性的效果

思考题

1. 影响曝光量的调节因素有哪些?

2. 室外摄影时如何估计曝光量?

3. 估计曝光量的两种实用方法是什么?

4. 单灯闪光作为主光源和辅助光源的用光方法是什么?

5. 散射镜的使用要点是什么?

6. 多影镜能产生什么样的效果?

7. 彩虹镜与星光镜有什么区别?

学习情境六
摄 影 构 图

懂得了摄影的基本操作，就能拍摄出清晰的照片，但是如果要拍出一张高质量、高风格、高水平的照片，就必须学会摄影构图。学习摄影构图时我们要理解"画有法，画无定法"的思想，既要学习有关摄影构图的基本要求、基本规律和法则，又不要被这些所谓的"规律""法则"所束缚；既要以摄影构图常识作为基础，又要勇于创新、突破，创造自己独特的风格。

项目一　摄影构图的基本要求

 任务一　摄影构图的含义

任务导入	什么是摄影构图？首先要理解摄影构图的丰富内涵，它是一种艺术性学问，具有个性，贯穿于摄影创作的全过程。
任务目标	理解摄影构图的含义。

一、摄影构图的含义

摄影构图就是运用相机镜头的成像标准和摄影造型手段来构成一定的画面，以揭示一定的内容。

摄影构图既涉及光线、景物在画面上的位置、虚实、色调、影调、画幅形式、色彩等画面形式的因素，又涉及摄影视觉、视觉惯性、形式与内容的统一等思想意识的因素。

摄影构图是摄影者把要拍摄的对象，通过精练的表现形式，有机地安排在摄影画面里，使摄影作品的主题获得充分而完美的表达。摄影构图贯穿于摄影创作的全过程。

在对摄影构图的认识上，我们应特别注意以下两点。

（1）辨证认识摄影构图的形式与内容的统一。

摄影构图是用一定的形式来揭示一定的内容，因此要时时提防脱离内容而去纯粹追求表现形式，这就要求拍摄者充分运用最生动、最适当的形式来揭示一定的内容，达到形式与内容的统一。

"脸带笑容"是常见的拍摄者拍摄人物时对被拍摄者的要求，但被拍摄者不一定都笑，有时"哭比笑更生动"。

（2）摄影构图主要是一种艺术性学问，而不是技术性学问。

这里所说的技术性学问是一套客观的、具体的规则，需要操作者遵循，违反了就会失败。例如相机的操作、胶卷的冲洗、照片的印放主要属于技术性学问。

而艺无定规，也就是说，艺术性学问本身不存在必须怎样做，违反了就必然失败的具体规则。很多优秀的摄影作品，其成功之处恰恰在于反所谓"构图规律"之道而行之，才取得了独具一格、耐人寻味、富有表现力的效果。

艺术作品十分具有个性，这与创作者本人的直觉观感有密切的联系。摄影主要是靠画面的形式来传达主题的，也就是主要用画面的图像代替文字，用线、形、色、虚、实等因素作为摄影语言向观众传达照片的含义（如图6-1至图6-3所示）。

图6-1 蝴蝶"瓜"

图6-2 冰床

图6-3 烟花

二、大师对构图的建议

人们常说，画家所面对的挑战是怎样在一张空白的画纸上加上一些东西来使它变得有艺术性；而摄影家所面临的挑战则是运用构图技巧，把杂乱环境中无关的景物除去，使画面看来具有艺术性。

换句话说，作画是从一个空白的画面开始，画家把一些东西加进画面，以表达自己的意念。而摄影师则是对现有场景内的元素进行安排，借以表达自己的意念。摄影师要想拍出好作品，就必须追求构图上的和谐。

长期以来，人们总结出了一些取得好的摄影构图所应遵循的基本法则，这些法则在一些摄影书刊和文章中，已经介绍得很多了。一些摄影名家却经常告诫人们不要过分拘泥于构图法则，因为它会束缚人们的创造性，重要的是理解其"精神"和作用。事实上，他们的许多名作也并非都是根据这些法则来创作的。然而，对于初学者来说，这些构图法则可引导其入门；对于大多数摄影者来说，平时记住一些构图要领，在拍摄以前就能想象出照片拍出后会是什么样子，对于创作优秀的摄影作品也是大有帮助的。

有的拍摄者认为，构图是从摄影者的心灵的眼睛做起的。构图的过程也被称为"预见"，就是在未拍摄某一物体之前或正在拍摄的时候，就能在脑海中形成一个图像或印象。通过经常分析自己和别人的作品的构图，就会使自己的这种预见本领更加娴熟，变成一种本能。构图的最基本的因素是线条、形式、质感以及这些因素之间的空间。当然色彩同样也是不可忽略的因素。会聚的线条一般能说明透视关系，但并不是所有的照片都非要表现出透视的深度不可。许多杰出的作品都是平面图案。在取景器中的某个景物或人物的肖像，都是摄影者根据自己的感受进行安排的。因此，怎样构图，和怎样选择主体、光线、色彩一样，也能成为一个摄影家独特的个人风格的基础。

奥地利摄影家伊涅斯特·哈斯认为，构图在于平衡，每个人对平衡的处理都各有不同。关于相机在构图中的位置，他认为，我们越能忘记自己的器材，越能集中于题材和构图，那么相机只是我们眼睛的延续，再没有其他意义。

在大多数情况下，每幅照片中都有一个或一组形状或形式起主导作用，而照片中的色彩、体积、位置和其他形状等，都是为主导因素服务的。构图中的对比，是指大与小、明与暗、近与远、主动与被动、平滑与粗糙、色彩的浓艳与轻淡等的对比。要多利用这些相互对立的因素，通过它们使主体影响整个构图。

有的拍摄者认为，每一种构图都是以排列次序为基础的，构图可以用多种方法获得。它产生于相似事物的组合以及对相反事物的强调。排列次序并不是千篇一律的，形态和色彩的疏密和对比也会产生排列次序。排列次序是以一种美学上的均衡为基础的，而均衡则从复杂、矛盾和动态之中造就和谐。任何人，只要懂得把照片分成单个的构图成分，借以得出它在美学上的一致性和合理性，以此来审查照片的具体效果，就都会创作出好的作品。因此，要获得令人满意的照片构图，须经常分析照片。

分析照片构图时应注意以下几个要素：

（1）人物和环境的关系以及反差情况；

（2）照片所传递的信息价值以及类似事物；

（3）照明和纵深；

（4）突出的线条和照片的画幅。

而要获得较好的摄影构图，则应注意以下几点：

（1）画面所提供的信息不能造成视觉上的混乱；

（2）人物和环境的关系要有助于传达照片的意图；

（3）应当避免由于人物和环境之间的含糊关系而使人产生错觉；

（4）明与暗的关系或者色彩对比的关系是非常重要的；

（5）除了人物和环境在形式上的关系之外，对人物和环境的心理上的权衡也是十分重要的，对每个视觉印象都做出喜欢或不喜欢的判断，无偏好的估价意味着根本没有反应；

（6）表现与我们熟悉的物体相类似的东西，使人容易辨认，从而能比较迅速地得到理解，因此重复内容是必要的；

（7）照片的复杂程度一定不能太低（感官刺激不够），也不能太高（感官刺激过分）；

（8）每个人对每幅照片的美学评价总是不一样的，而且这种评价是受感情支配的，在很大程度上取决于观众的认识、经历、敏感性；

（9）形式主义和时髦风尚是不能持久的，缺乏独创性的缺点是不可能用技术补偿的；

（10）照明、透视、重叠和影纹的层次变化有助于在二维空间的平面上体现出明显的纵深感；

（11）不寻常的透视效果有助于使照片生动活泼；

（12）有意识地使用突出的方向线和选择适合主体的画幅会加强照片的效果。

 任务二 摄影构图的基本要求

任务导入	摄影作品除了给自己欣赏外，还要给他人欣赏。虽然构图具有高度的个性，但也要注重观众的视觉共性。
任务目标	掌握摄影构图的基本要求。

虽然说艺无定规，艺术具有高度的个性，但摄影作品在很多情况下是要给观众欣赏的，因此我们需要掌握摄影构图的基本要求。摄影构图的基本要求可概括为简洁、完整、平衡、生动。

一、简洁

简洁是指画面上主体突出、陪体恰当、宾主分明，令人一目了然。这里要要注意：简洁不等于简单。

所谓主体，就是摄影作品的主要表现对象或者主题思想的主要体现者。所谓突出，就是醒目。所谓陪体，就是主体前后左右的被摄景物。所谓恰当，就是陪体要与主体有关联，有助于衬托主体。所谓宾主分明，就是要做到：① 不要让陪体压倒主体，令人有喧宾夺主之感；② 不要宾主不分，和盘托出；③ 不要完全舍去陪体，在画面上只是孤零零地留下主体，如果在画面上只是孤零零地留下主体，就会变成"简单"。

二、完整

完整主要是指画面中的主体给人一种完整感，这跟摄影作品所要表现的意图有很大的关系。

这里所说的完整并非完全。由于人的视觉具有下意识的自动延伸的功能，不完全的影像也能给人以完整感，如常见的齐胸人像，人物的头部特写，膝盖以上的半身人像等，都能给人以完整感。因此，完整和完全是两个不同的概念，不要混为一谈。

一幅画面是否能给人以完整感，在很大程度上取决于拍摄者的表现意图，即"你要表现什么"（如图 6-4 所示）。

6-4　桂林骆驼山

三、平衡

平衡在画面构图上有两种表现：一是指画面水平线水平、垂直线垂直，否则就会产生倾斜，不稳定的视觉感受；二是指画面影调的平衡，深色给人的视觉感受重，浅色给人的视觉感受轻。

在摄影时，我们不仅要懂得色调的安排，还要懂得怎样使得一幅照片的色调能让人产生联想。高调与低调中有某些占绝对优势的颜色，有助于强化某种表现力，强化某种艺术感染力，但也带来了题材和内容上的局限性，而中间调虽然在色调上强化某种艺术感染力上不如高调和低调那么有效，但却能相对自由地表现各种题材、各种内容。

四、生动

生动的含义极为丰富。将各种构图因素运用得恰到好处，都能产生生动的效果。被摄人物的神态、姿态美是生动，线条、影调美是生动，摄影技法运用得恰到好处也是生动。但是表现生动的同时不能忽略内容主题的表达，只有与内容统一的生动才是真正的生动。例如，拍摄人物时，被摄人物笑得自然，常常是生动的一种表现，但是如果该人物在画面所展示的场景中并不应该笑，那么这个人物笑得再自然，也不能称为生动。

项目二　摄影构图基本技能

📷 任务一　摄影构图的基本特性

任务导入	摄影构图虽然有高度的个性，但也必须遵循一定的要求，相互融合才能得到观众的认可。
任务目标	掌握摄影构图的基本技能并能充分应用。

一、注意人的视觉惯性

照片属于一种视觉艺术。摄影者拍摄照片，并不仅仅为了给自己观看，更主要的是给广大观众欣赏。由于文化水平、艺术修养、社会经历等差异，对同一照片，不同个体的视觉感受不同。但是，人们的视觉感受还存在着许多共性，这种视觉感受的共性称为人的视觉惯性。视觉惯性包含许多内容，主要有以下三点。

（一）画面稳定

人对稳定的画面感到习惯、安定、舒服，向往画面稳定是人的视觉天性。画面的稳定包括水平线、垂直线的稳定和色彩的稳定。如拍摄有地平线的景物时，地平线不水平，发生倾斜；又如一幅照片，左边是大面积的红色，右边是大面积的白色，这些都会给人以不稳定之感。

（二）画面空白

画面空白是指画面上留有一定的空间。空白并不是完全没有画面，而是指这些画面是陪体，如蓝天、白云、水平地面、海面、远处的山峰等。

空白虽然不是实体的对象，但在画面上同样是不可缺少的组成部分，它是画面上各对象之间的联系，是组织各对象之间相互关系的纽带。空白在画面上的作用，如同标点符号在文章中的作用一样，能使画面"章法"清楚，"段落"分明，"气脉"通畅，能帮助摄影者表达感情。

绘画理论中有"画留三分空，生气随之发"的说法。一幅照片中如果主体、陪体拥塞得很满，不留一点空白或空间，让人分不清主体和陪体，往往会给人以沉闷、不舒服的视觉感受。空白留取得当，会使画面生动活泼，空灵俊秀。空白处，常常洋溢着摄影者的感情，作品的境界也能得到升华。

画面空白最基本的应用有以下几种。

（1）要使主体醒目，具有视觉的冲击力，就要在主体的周围留有一定的空白。例如，拍摄人物时避免头部、身体与树木、房屋、路灯及其他物体重叠，应将人物安排在单一色调的背景所形成的空白处。在主体物的周围留有一定的空白，可以说这是造型艺术的一种规律。如果将一件精美的艺术品置于一堆杂乱的物体之中，人们就很难欣赏到它的美。只有在它周围留有一定的空间，精美的艺术品才会放出它的艺术光芒。

（2）画面上的空白与实物所占的面积大小要合乎一定的比例关系。我国古代绘画论有"疏可走马，密不透风"的说法，也就是说在疏密的布局上走点极端，以强化观众的某种感受，创造自己的风格。空白的留舍及空白处与实处的比例变化是使画面布局具有创造性的重要手段。

要防止面积相等、对称。一般来说，画面上的空白处的总面积大于实体对象所占的面积，画面才显得空灵、清秀。如果实体对象所占的面积大于空白处，画面重在写实。但如果两者在画面上的面积相等，就会给人呆板平庸的感觉。

（3）拍摄动体时，动体在画面上运动方向的前方要留有一定的空间，前方要比后方留有较大的空间，这样有助于体现动体的运动感，否则会让人感觉动体在前方受到阻碍而感到不舒服。例如，拍摄行进的人、奔驰的汽车等对象时，运动方向的前面要留有一些空白，这样才能使运动中的物体有伸展的余地，使观众心里感觉通畅，加深对物体运动的感受。

（4）拍摄人物时，若人物是侧身的，则被摄人物视线前方要留有一定的空间，且一般要比后方留的空间大些。

（三）视觉重点的位置

人们欣赏一张照片时，照片上最吸引人的某些部位就是所谓的视觉重点。在拍摄时为了使占画面较小面积的景物能引人注意，拍摄者可以有意识地把它安排在视觉重点的位置。

1. 黄金分割法

黄金分割法，就是将摄影构图的画面两边各三等分的直线所产生的"井"字作为分割画面的依据，这四条分割线的位置作为安置画面内被摄景物的理想位置，四个交叉点作为整幅画面的视觉重点来完成"趣味中心"的架构。依照此法，写实摄影作品尤其是风景作品的画面不但没有呆板感，而且还能给人"以静制动"的生动感；反之，如果按照大多数人的习惯，简单地将被摄主体置于画面的中心区域，画面构图的比例就会显得不那么恰当和美观了。

当然，在写实摄影过程中，对镜外世界的主观剪裁与视觉结象的黄金分割线及其交叉点都是虚拟存在的。摄影语言是一种由线条、图形、光亮、色彩等要素复合而成的综合性较强的静态语言，黄金分割法不仅可作为水平平面景物构图的摄影依据，也可作为画面景深构图甚至色、光构图的摄影依据。换句话说，在一幅写实摄影作品中，理应存在着两个乃至两个以上的黄金分割，它们的多维共生、共存与交织不仅完成了一幅写实摄影作品可视部分的、外在的、立体的、言语的物化构造，而且也完成了其内在的、摄影者的情感抒发与文化底蕴的语义缀连。

2. 三角形法则

三角形法则，就是三点构图法。不在一条直线上的三点形成一个平面。在一幅写实摄影作品中，平面的存在是必须的。那么如何来构造摄影平面呢？

一般来说，在自然景物摄影和人像摄影中，要找出水平和垂直存在的两个点是非常容易的，比较难的是要找到与之对应的 、甚至根本不存在的第三个点，这就要求摄影者要离开被摄主体去发现或人为制造出第三个点。否则，画面构图就失去了平面感而无法完成言语间的意义整合。

3. 对角线法则

在一幅写实摄影作品中，由于黄金分割法的运用，"井"字的四个交叉点之间也就存在着两条相互交叉的对角线，而如何利用好这两条对角线来体现摄影者的画面构造意图，进而完成语义的意境建构，就显得尤为重要。

在一幅写实摄影作品中，对角线构图能够帮助拍者完成景物在画面中的合理布局，使画面在景深上、色彩上产生一定的审美对称感。

4. 天头留白法则

我们知道，在一页书稿上需要留有"天头"和"地脚"。同样，在一幅写实摄影作品中，对被摄主体及其周边景物进行合理布局之后，于画面水平黄金分割线的上方或下方适当留有空白，以安排天空或大地等没有具体形象的画面空间是十分必要的。

在一幅写实摄影作品中，画面空白的使用不仅能够衬托、凸显被摄主体，而且也能够在造就画面视觉动感与心里驱动的同时，完成意境的刻画和气氛的渲染。

5. 运动空白法则

在一幅写实摄影作品中，运动空白的恰当使用，就是合理安排视距。它不但能够让摄影者有充分的时间拍摄好运动物体存在的瞬间的静止画面，而且还可以令静态的物体进入人们的潜意识层面并产生思维动感。在一幅写实摄影作品中，如果运动物体和视线前方没有留够一定的空间，不仅会让人们的视线受阻、无伸张余地，而且还会削弱画面的动势。

数码摄影技术（第二版）

6. 均衡稳定法

从某种意义上来说，摄影构图就是相机镜头的构图，即运用相机镜头的成像特性和摄影造型手段来构成一幅画面，以体现外部世界的文化与审美。在一幅写实摄影作品中，尤其在符合中华民族传统审美习惯的摄影作品中，均衡稳定的结像是十分必要的。因为画面乃至影调的均衡稳定能给人以安全、宁静之感。

总之，在写实摄影作品中，黄金分割法、三角形法则、对角线法则、天头留白法则、运动空白法则、均衡稳定法则是客观存在的。充分利用这六个摄影构图的基本法则，能使普通摄影爱好者以较为简便的方式把握写实摄影的各要素。

二、 注意拍摄点的选择

对于任何一个被摄景物来说，拍摄点可以千变万化，在不同的拍摄点，所拍得的照片所表现的效果会有所不同。拍摄点的不同包括拍摄的距离、方向、高度三个方面的不同，因此在选择拍摄点时，应该从这三个方面来考虑，即从不同的摄距、不同的方向、不同的高度来选择拍摄点。

（1）从不同的摄距来选择拍摄点。对于同一景物来说，摄距的远近体现在画面上就产生了景别的不同，这就需要拍摄者根据表现意图来决定。画面的景别一般分有远景、全景、中景、近景、特写等。

不同的景别具有不同的表现力，绘画理论中"远取其势，近取其神"的说法就是说明了这个道理。一般来说，远景擅长表现景物的气势，全景擅长表现景物的全貌，中景擅长表现景物或人物间的关系，近景、特写擅长表现景物的细节部分与人物的神态。

（2）从不同的方向来选择拍摄点。从不同方向拍摄的画面所体现的风格不同。正面拍摄擅长表现具有对称美的景物（如图6-5所示），给人以庄重感；侧面拍摄有利于表现被摄景物的主体感和空间感。

图6-5 正面拍摄溶洞景色

86

正面拍摄的景物在画面上往往多平行线条，给人以庄重感，但景物各部分往往平均地展示在画面上，不利于突出景物的某个部分，缺乏变化，有呆板之感。侧面拍摄有利于突出被摄体，但侧面拍摄的角度不同，其效果也会不同。

（3）从不同的高度来选择拍摄点。不同的高度指相机是等于、低于、高于景物的水平线，即是采用平拍、仰拍、俯拍。

平拍有利于突出画面前面的景物；仰拍有利于突出和夸张被拍摄对象的高度；俯拍有利于充分展示画面上的前后景物，表现被拍摄对象的地理位置和众多的数量（如图6-6所示）。

图6-6　俯拍

三、注意画幅形式

画幅形式是指画框的形式。从拍摄的角度来说，就是直取景和横取景。画幅形式需要根据所要表现的画幅内容来决定。

一般来说，垂直线大于水平线的画幅，尤其是高而狭的画幅有利于强化高耸、上升的效果，如果要表现高耸的景物（如高楼大厦、参天大树）、向上运动的物体（如正在跳高或正在跳起投篮的运动员等），一般采用直画幅。垂直线小于水平线的画幅，尤其是低而长的画幅有利于强化宽广、平稳、水平舒展的效果，如果要表现平静的风景、水平式的运动等对象，一般宜采用横画幅。

所以，关于画幅形式要注意两点：一是拍摄者在拍摄时应先分析是水平线条占优势还是竖直线条占优势，再考虑选择横幅还是竖幅；二是有些初学者常拍一些菱形画幅，这种画幅形式给人一种不稳定感，不宜采用。

四、注意虚实结合的运用

这里的虚实是指画面上景物的模糊与清晰。虚就是模糊，实就是清晰。虚实结合的画面富有较强的表现力。

要在照片上产生虚实结合的效果，就拍摄上来说无非通过三种手段：一是利用景深原理，这是最基本、最常用的手段（如图6-7所示）；二是利用动静原理，所谓动静原理是指在相机快门开启瞬间，影像在胶片上动则虚（包括被摄体动、相机不动和被摄体不动、相机动两种情况）、静则实（包括被摄体与相机均不动和被摄体与相机均动但影像在胶片上保持相对静止两种情况）；三是利用云雾、烟雾、尘雾产生的前实后虚的朦胧效果（如图6-8所示）。

图6-7　小景深拍摄

图6-8　烟雾拍摄

虚实结合的构图主要有以下三种作用。

1. 突出主体

把主体拍实，把陪体拍虚，使主体醒目，吸引人的视觉。在拍摄近景、人物特写时，虚实结合是最为常见的。

2. 表现动感

在拍摄表现动体动感的照片时，最常用的方法是虚实结合，主要有以下三种拍摄方法及表现形式。

（1）用合适的快门速度和曝光时机取得具有动感的照片。这种照片中，动体大部分部位较清晰，动感强烈的部位虚糊。

（2）只通过控制快门速度来取得具有动感的照片。这种照片中，动体本身较虚糊，画面上其他静止的景物清晰。

（3）采用追随拍摄法取得具有动感的照片。这种照片中，动体本身较为清晰，静止的背景强烈模糊。

3. 加强画面空间感

被拍摄的景物在三维空间，而照片只有二维空间，因此利用人的视觉上的错觉在二维空间的照片上反映出三维空间的景物，有助于表现画面的空间感。人的视觉看不清太近或太远的景物，画面上虚糊的景物就会使人产生比清晰景物更近或更远的错觉。

五、注意前景和背景的运用

1. 前景的运用

前景是指画面上处于主体前面的一些景物，任何物体都可以用来作为前景。在摄影构图中，有意识地选取一定的前景，往往有利于增强画面的表现力。根据不同的主体，选取不同的景物作为前景，能产生不同的效果。

前景处在主体前面，靠近相机位置，它们的特点是呈像大，色调深，大都处于画面的四周边缘，作为前景的物体通常是树木、花草，也可以是人和物。在摄影构图中运用前景可产生以下几种效果。

（1）增强画面空间感。照片上的前景增加了画面远大近小的视觉透视效果，有助于人们在欣赏照片时产生空间感。

（2）渲染季节特征、地方特征和现场气氛。用桃花、迎春花作为前景，既交待了季节，又使画面充满春意；用菊花、红叶作为前景，使秋色洋溢画面；用冰挂、雪枝作为前景，使北国冬日的景象如在眼前；拍摄海南风光，用椰树、芭蕉作为前景，使画面富有南国情调。

（3）增添画面图案美。镜头有意靠近某些人或物，利用其呈像大、色调深的特点，与远处的景物形成明显的形体大小对比和色调深浅的对比，以调动人们的视觉去感受画面的空间距离，画面就好像有了纵深轴线，使人感觉不再是平面的了。一些有经验的摄影师在拍摄展示空间场面的内容时，总力求找到适当的前景来强调近大远小的透视感，而且常常利用前景与远景中有同类景物，如人、树、山等。由于远近不同，在画面上所占面积相差越大，则越能调动人们根据视觉规律来想象空间，纵深轴线的感受就越鲜明。选择某些有规则的结构图形作为前景，能增添画面的图案美。如窗户、

图案形孔洞等最为常用。

（4）产生对比或比喻。选择某些与主体在内容或形式上有对比意义的景物作为前景，能起到对比、比喻的作用，引起人们联想，从而深化画面的表现力或揭示出画面的主题。

（5）前景运用虚焦点的表现手法，给人们一种朦胧美。近年来，在很多的摄影艺术作品中，拍摄者常常运用虚焦点，以杂乱的景物作为前景，虚而且乱，观众不但能够接受，而且还觉得有意思。可见，人们对摄影艺术的审美趣味也在变化和发展，越来越趋向自然、真实、有现场气氛。前景的虚和乱可以强调出这种现场气氛，而且前景的虚也有助于突出主题的实，以虚衬实。但是，前景的乱是要打引号的。事实上是乱中有治，形似乱，却是以不妨碍主体突出为原则的。如果乱得连主体都淹没了，恐怕观众也难以接受。

2. 背景的运用

背景是指画面上位于主体后面的景物。背景是一幅画面的有机组成部分，用以衬托主体。不同的背景或能起到突出主体的作用，或能起到丰富主体内涵的作用。

造型艺术都很重视背景的作用，重视背景对主体的烘托。黑格尔在《美学》中说过，艺术家不应该先把雕刻作品完全雕好，然后再考虑把它摆在什么地方，而是在构思时就要联系到一定的外在世界和它的空间形式及地方部位。摄影艺术家同样应懂得背景对于一幅摄影作品的的重要性。

（1）突出主体的背景处理。突出主体的背景处理主要有两种手段：一是使背景简洁；二是使背景与主体有鲜明的影调对比。

① 使背景简洁。绘画和摄影艺术表现手段的不同，在于绘画用的是加法，摄影用的是减法。因为绘画反映生活是在画面上添上些东西，而摄影反映生活则总是千方百计地减去那些不必要的东西。其中重要的一项是将背景中可有可无的妨碍主体突出的东西减去，以达到画面的简洁精炼。背景简洁必然会突出主体，背景复杂则会分散观众注意力，使突出主体受到影响。使背景简洁的方法：一是通过改变拍摄点来避免那些与主体无关或关系不大的景物入画；二是通过虚实结合手法使背景模糊。

② 使背景与主体有鲜明的影调对比。背景与主体没有鲜明的影调对比，往往会使主体与背景混为一片。一般来说，暗的主体宜选择亮的背景，亮的主体宜选择暗的背景。中灰背景既可衬托亮的主体，又可衬托暗的主体。

（2）丰富主体内涵的背景处理。

① 选择有地方特征、季节特征和现场特征的景物作为背景，以表达主体所处的环境。如用某地特有的建筑，某时特有的花木，某事特有的标语、会标、现场景物或反映某个时代特征的景物作为背景。

② 选择有对比意义的景物作为背景，包括与主体在形式或内容上形成对比，或比喻性对比等。这样的背景能起到用鲜明的形象来揭示主体的内涵，深化照片主题思想的作用。

如暗的主体衬在亮的背景上；亮的主体衬在暗的背景上；亮的或暗的主体衬在中性灰的背景上；主体亮，背景亮，则中间要有暗的轮廓线；主体暗，背景暗，则中间要有亮的轮廓线。摄影是平面的造型艺术，如果没有影调或色调上的对比和间隔，主体形象就会和背景融成一片，无法被视觉识别。

背景的处理是摄影画面构图的一个重要环节，只有细心选择，才能使画面内容精炼准确，使视觉形象得到完美表现。

📷 任务二　摄影构图十忌

任务导入	初学者在拍摄过程中经常会犯一些低级的错误，违背了摄影基本规律和要求。
任务目标	领会摄影构图十忌。

出色的构图，能使画面主次分明，详略得当，给人以美感。一幅照片，若不具备良好的构图形式，往往无法引人入胜，更不能准确完整地表达拍摄者的意图。在迈入艺术的"自由王国"之前，应先掌握其基本规律和要求，避免犯以下常见的错误。

1. 画面太满

有些初学者拍照时经常把被摄主体顶天立地充满画面，这很不利于照片后期制作过程中进行裁剪，同时也会使作品显得拘谨、呆板。

2. 地平线倾斜

有的人为了将一些高大的景物拍全，便在取景时采取了倾斜画面的方法。这样势必造成地平线倾斜，画面失衡，视觉感受不舒服。

3. 头撞南墙

拍摄侧面的人像或带有向前冲势的物体时，没有在被摄主体的前方留一定的空间，给人一种头撞南墙的感觉，画面显得沉闷、压抑。

4. 附加物缠身

拍摄人物时，如果背景选择不当，会让观赏者产生如"烟囱长在肩膀上""脑袋上冒出大树杈"等错觉，破坏了人物原来的形象。

5. 落格

当被摄者与高大的衬景在一起时，拍摄者如果顾景不顾人，一味将镜头抬高，结果是景拍全了，可人物在画面上常常只剩下个脑袋，落在画面的下端，效果不言而喻。

6. 画面分裂

拍摄者在取景时没有处理好地平线的位置，将其置于画面正中，于是画面被一分为二，呈分裂状，缺乏和谐、统一之感。

7. 喧宾夺主

拍摄者在画面中过多地表现了陪衬体，使主体处于次要的地位。

8. 缺乏趣味中心

拍摄者在取景时缺乏忍痛割爱的精神，"鱼"和"熊掌"都想得，反而使画面看起来没有主次、结构松散、杂乱无章。

9. 各顾东西

拍摄者在拍摄众人合影照时，没安排好人物的位置，不能使众人形成一个向核心靠拢的趋势，画面形势呈分裂状，与作品所要表现的主题不相符。

10. 画面色彩失衡

拍摄者在构图时没有顾及画面的影调结构、色彩结构的协调，造成画面色彩、影调失衡，影响照片效果。

📷 任务三　摄影技术训练

任务导入	室外摄影时光线变化无常，要根据不同的场景、不同的拍摄要求正确使用光圈和快门速度的组合。
任务目标	无论在室外还是在室内，都能灵活使用光圈和快门速度的正确组合进行拍摄。

一、训练目的

（1）掌握光圈和快门速度的正确组合。

（2）根据不同的拍摄要求，调整光圈和快门速度的不同组合。

（3）把摄影构图的基本要求应用到实际的拍摄中。

（4）灵活运用梯级曝光法进行拍摄。

（5）正确使用闪光灯。

二、器材

SONY 系列数码相机、尼康单反照相机、佳能单反数码相机。

三、训练内容

（一）室外自然光曝光量的估计

自然光的光线强弱因季节、时间、天气等的不同而有所不同：春秋季节比夏季弱，比冬季强；一天之内，早晚弱，上午、下午较强，中午最强；无云遮日比有云遮日时强。

（1）在拍摄之前，要先根据现场的光线选择曝光组合，然后再根据实际的需要考虑如何选择光圈和快门速度。室外曝光可参考表 5-1。

（2）根据拍摄对象的不同，利用所确定的参考值，调整光圈和快门速度，具体操作如下。

① 确定感光器件的感光度。在光线充足的情况下，选择的感光度越低，色彩越鲜

艳，颗粒越细腻。

②　确定快门速度的值。快门速度的数值为感光度的倒数。如果感光度选择200，则快门速度选择1/200秒。

③　根据表5-1确定光圈的值。如在"强烈阳光"下，光圈选择F16。

④　确定正确曝光组合的参考值。如"感光度200，在春天且强烈阳光下顺光拍摄"的条件下，正确曝光组合的参考值为F16、1/200秒。

⑤　根据实际拍摄要求选择相应的光圈和快门速度组合。如要采用快速拍摄，则可采用F11、1/500秒或F8、1/1000秒；如要采用慢速拍摄，则可采用F22、1/100秒或F32、1/50秒。这些组合的曝光量是相同的，我们可以根据需要选择。但要注意所选择的光圈或快门速度必须是相机上有的，若相机上没有，则只能选择最佳组合。例如，使用小光圈、大景深拍摄，则可选择F32、1/50秒，但若相机没有F32这挡，则只能选择F22、1/100秒。

（二）室内曝光量的估计和闪光灯的使用

在室内摄影时，需要根据室内光线具体情况具体分析。

当室外阳光明亮，室内被摄体上的光线情况较好时，若感光度选择100，则快门速度可选择1/30秒，光圈选择F4；若感光度选择200，则快门速度可选择1/30秒，光圈选择F5.6。

室内光线不是很明亮或有直射阳光从门窗射入后直接照射在部分被摄体上时，则需要使用闪光灯。

（三）把摄影构图知识应用到实际的拍摄中

对同一被摄景物，采用不同的方法拍摄，如从不同的摄距、不同的方向、不同的高度进行拍摄，比较拍摄的效果，从中积累拍摄经验。同时，根据自然光的情况，使用梯级曝光法进行拍摄，检验自己对自然光的判断是否正确。

思考题

1. 摄影构图的含义是什么？
2. 画面稳定指的是什么？
3. 如何理解"画留三分空"？
4. 如何得到虚实结合的摄影效果？
5. 以不同的摄距、方向、高度进行拍摄，画面效果会有何不同？

学习情境七
摄 影 景 深

项目一 景 深

 任务一 景深的含义与影响因素

任务导入	景深不同，照片清晰范围也不同。不同的影像需要不同的清晰度，这样才能体现照片的艺术效果。
任务目标	能灵活运用景深拍摄不同效果的照片。

如果仔细观察照片，我们就会发现有的照片上所有的被摄景物都是清晰的，而有的照片上只有一部分被摄景物是清晰的，其余则是模糊的。对所有被摄景物都清晰的照片，如果再仔细辨认，往往就会发现有的部位是十分清晰，而有的部位则是较为清晰；在只有一部分被摄景物清晰的照片中，也有模糊程度不同的区别，这种不同的效果，主要是通过拍摄时控制景深来取得的。

一、景深的含义

从理论上说，当镜头聚焦于被摄景物的某一点，只有这一点的物体能在感光片上清晰地结像。但是，在实际拍摄中，聚焦点前后一定范围内的景物也能记录得较为清晰。这种在聚焦点前后的范围内所呈现的清晰影像的距离就称为景深，其距离大，称为"景深大"，其距离小，称为"景深小"。选择景深大或景深小，是拍摄者根据自己的需要来决定的。根据不同的情况进行不同的选择，其效果也不同。如要体现全景，就要用景深大的方法拍摄；如要突出某个细节或部位，就要用景深小的方法拍摄（如图7-1、图7-2所示）。

图 7-1 景深小

图 7-2 景深大

二、影响景深的因素

光圈的大小、摄距的远近和镜头焦距的长短都会影响影像的景深。

（1）光圈的大小、摄距的远近和镜头焦距的长短对景深的影响具有下列规律。

① 光圈的大小。光圈大，景深小；光圈小，景深大。

在拍摄距离不变的情况下，使用大光圈来拍摄时，因为景深变小，被摄体的前后景物会变得比较模糊。而使用小光圈时，被摄体前后的景物清晰且清晰的范围就会变大。

② 摄距的远近。摄距远，景深大；摄距近，景深小。

在光圈、快门、镜头焦距都不变的情况下，拍摄同一场景，相机离被摄体越近，景深就会越小；相机离被摄体越远，景深就会越大（如图7-3所示）。

③ 镜头的焦距。焦距长，景深小；焦距短，景深大。

在光圈、快门都不变时，拍摄同一个场景，使用长镜头会让景深变小；而使用广角镜头时，景深就会变大（如图 7-4 所示）。

图 7-3　拍摄距离近，景深小

图 7-4　镜头焦距长，景深小

以上规律说明：　光圈的大小与景深的大小成反比，摄距的远近与景深的大小成正比，镜头焦距的长短与景深的大小成反比。

对任何一个具体的被摄景物，其景深的大小同时受光圈、摄距、镜头的焦距的影响，也就是说，景深的大小是这三个因素的综合的结果。

业余摄影爱好者都会根据经验去判断景深大小。还有一个方法是利用相机的"景深预视"功能，即按下景深预视钮后，从取景器判断景深，这是最快也是最直接的方法。不过它的缺点是当使用小光圈拍摄时，因为进光量变小，而使得按下景深预视钮后，从取景器看会觉得比较暗。

就一般的拍摄来说，在拍摄风景时，我们常利用大景深表现整个清晰的场景，所以使用缩小光圈的方式来拍摄。但因为光圈缩小进光量也跟着变小，相应的快门速度变低，就需要使用三脚架来稳定机身，这也是风景摄影常会用到三脚架的原因之一。

当拍摄人像时，会利用小景深的方式来模糊被摄体前后的景物，借以凸显主题的强度，这种拍摄手法也可以用于其他的场合。要凸显主题，小景深是一个很方便的方法，所以在购买器材时，可依据需要选购一支大光圈的镜头，除了能在低光度下拍摄外，能灵活运用小景深也是一个重要原因。

（2）运用景深的注意事项。

① 除了光圈、摄距、焦距影响景深大小外，拍摄者对模糊圈的要求，即允许的模糊圈的大小，也会影响景深大小。允许的模糊圈较大时，拍摄的照片景深就大些；允许的模糊圈较小时，如采用高倍率放大制作照片时，景深就小些。

② 对任何一个具体的被摄景物，其景深大小同时受到光圈、摄距、镜头焦距这三个因素的影响，而对于上面的三条规律来说，每一条规律均是以第三个因素不变为前提的，否则就不一定成立。例如，用镜头焦距为 75 mm 的相机拍摄，摄距为 2 m 时，F16 的景深为 1.5～3.1 m；摄距为 5 m 时，F11 的景深为 3～11 m。可见，不同摄距时，F11（光圈大）的景深并不比 F16（光圈小）的景深范围小，这是摄距不一致所致。

③ 摄距与景深成正比的规律还有一个前提，就是摄距在超焦点距离以内才成立。如果摄距在超焦点以外，则是摄距越远，景深越小。因此，就摄距影响景深效果的大小来说，在超焦点距离能取得最大景深。

根据以上分析，若要取得最大景深效果，就应使用"最小光圈＋超焦点距离＋短焦距镜头"的组合；若要取得最小景深效果，就应使用"最大光圈＋尽可能缩短摄距＋长焦距镜头"的组合。

 任务二 景深的应用

任务导入	不同的光圈，不同的焦距，不同的摄距，不同的对焦点，拍摄的照片景深效果和景深范围都不同。
任务目标	根据不同的需要选择不同的光圈、焦距、摄距和对焦点。

通俗地说，景深就是在所调焦点前后延伸出来的可接受的清晰区域。实际上，在任何照片上，只有聚焦了的平面才是真正清晰的。然而，在观赏者看来，这一平面前后的物体也可能会显得相当清晰。清晰范围的差别基于以下几方面的标准。

（1）选择合适的光圈。光圈口径是影响景深的基本要素。小口径光圈，如 F16 或 F22，产生的清晰调焦范围较大。相反，大口径光圈，如 F2.8 或 F4，产生的景深范围较小，前景和背景上可接受的清晰范围要小得多。拍摄实践中，光圈的选择是一个基本的要素，即便在使用程序曝光模式时，也应该在可行的情况下选用最合适的光圈和速度的组合。然而有一点我们要注意，如果是手持相机拍摄，长时间曝光时，被摄体的移动或相机的抖动都可能使照片模糊，因此不能为了追求大景深而使曝光时间太长，可选择一个合适的光圈以保持足够的快门速度。

（2）选择较长或较短的焦距。用广角镜头拍摄的照片，通常有较大的景深。相反，那些用长焦距拍摄的照片一般说来景深都很小。因此，在光圈已定的前提下，焦距越长，景深越短。如果需要较大景深的画面，就应选择较短焦距。

（3）选择镜头的不同焦距。当拍摄距离相同时，长焦距镜头减小了景深，而广角镜头则扩大了景深。但实际上不论使用什么镜头，主要是影像的大小影响着景深。不论从远处用长焦距镜头，还是走上前去靠近被摄体并用焦距较短的镜头拍满画面，景深都是较小的。

（4）选择相机与被摄体的距离。景深是受相机到被摄体距离影响的。当对着非常靠近镜头的被摄体调焦时，所得到的景深就非常小。当对着较远处被摄体调焦时，景深就会更大，而且景深因焦距不同而改变。因此，在近距离拍摄时，为了增大景深，可尽量使用小光圈。

但在使用"微距"拍摄特写时，也不必使用诸如F45等小光圈以使被摄体完全置于景深之内。大多数镜头在用中挡光圈时能提供较高的分辨率。使用较大的光圈就能配合较高的快门速度，这将减少因相机或被摄体移动而产生模糊影像的危险性。

（5）选择准确的聚焦点。景深的范围通常是"向焦点前方延伸大约1/3，向焦点后方延伸大约2/3"。因此，若想得到大景深，则把聚焦点设在大场景的1/3处为最佳。尤其是使用自动调焦的单镜头反光型数码相机拍摄时，准确控制焦点很重要，而如果使用自动聚焦相机，在构图时只要轻按快门钮就能把焦点锁住。

例如，在停车场上，一辆白色宝马车位于前景，一辆黑色斯柯达车位于中景，一辆红色奥迪车位于背景中，同时有一位明星靠在白色的宝马车上。如果你想要把明星和三辆车都拍得清晰，就必须把焦点放在接近中景的黑色斯柯达车上以获得最大景深，从而使三辆车同时都清晰。

如果要把一个鲜明的目标作为主要被摄体，通常应把焦点调在最重要的地方，如人物的眼睛，飞机或轮船上的文字标记，洞穴壁上的岩画等。尽管这样做对景深会有某种程度的限制，但在此时景深已只是次要问题。

（6）选用超焦距调焦。超焦距是一个能够产生最大景深的聚焦点，它能够使无限远处的被摄体保持足够清晰。当把聚焦点准确地对准超焦距位置时，景深就从调焦距离的一半处延伸到无限远。当然，景深会因选用的光圈、摄距和镜头焦距的不同而有所不同，因为不同的光圈和镜头焦距会使超焦距也不同。

例如，用一只 50 mm 镜头的相机进行拍摄，当超焦距为 2.8 m 时，聚焦在超焦距的景深是 1.4 m～∞，利用这种超焦距拍摄时，只要把握住离被摄体 1.4 m 以外，便可在不同的摄距上"自由地"抓取精彩的瞬间。

项目二 摄影景深的运用训练

任务 景深效果

任务导入	选择不同光圈，景深也不同，照片的清晰范围也不一样，取得的效果也不同。
任务目标	运用不同光圈拍摄不同效果的照片。

一、训练目的

（1）认识光圈大小、焦距、摄距与景深的关系。

（2）熟悉拍摄过程中光线的应用，正确对焦及曝光。

（3）掌握小景深拍摄景物时构图的选择。

二、器材

尼康单反照相机、佳能单反数码相机、三脚架等。

三、训练内容

1. 调整拍摄模式

将相机设置为光圈优先模式或者手动模式。

2. 小景深的调整

测光模式调整为点测光；进行合理的构图；光圈调整为大光圈，光圈范围为F2.8～F5.6，快门速度根据现场的进光量进行调整，使画面达到曝光正确；进行正确对焦（如图7-5所示）。

图7-5 小景深拍摄

3. 大景深的调整

测光模式调整为平均测光；进行合理的构图；光圈调整为小光圈，光圈范围为 F13～F22，快门速度根据现场的进光量进行调整，使画面达到曝光正确（因光圈较小，进光量可能会不足，需要较长时间的曝光，这时就需要使用三脚架）；进行正确对焦（如图 7-6 所示）。

4. 超焦距调焦的调整

超焦距是一个能够产生最大景深的聚焦点，它能够使无限远处的被摄体保持足够清晰。不同的光圈、摄距和镜头的焦距所获取的景深范围也不同。选择在 0.5 m、1 m、1.4 m、2 m、5 m 等不同摄距进行拍摄。

图 7-6 大景深拍摄

思考题

1. 影响景深的因素是什么？

2. 光圈是如何影响景深大小的？

3. 选择不同的光圈进行拍摄会获得哪些不同效果？

学习情境八
摄 影 技 巧

项目一　追随拍摄与雨景拍摄技巧

 任务一　追随拍摄技巧

任务导入	追随拍摄是一种对拍摄条件和拍摄技术要求较高的拍摄操作，用于拍摄动体，如开动着的汽车、电动车，走路或跑步的人等。
任务目标	掌握追随拍摄的操作方法；掌握追随拍摄时快门速度与背景的选择。

追随拍摄一般用于拍摄动体，特别是做横向直线运动的物体。追随拍摄的特点是：拍摄者在追随动体移动的过程中按下快门，使动体成像较清晰，而背景则呈现为强烈的线状虚糊的画面，这种画面的动感强烈。其形成原因是：在曝光瞬间，动体相对于相机是静止的，而背景相对于相机是移动的。

一、追随拍摄的操作方法

追随拍摄的操作方法可以归纳为：在拍摄瞬间要持稳相机、平稳追随，在运动过程中按下快门。

1. 持稳相机

相机是否持稳对追随拍摄很重要。持稳相机的操作通常是：两腿分开并略前后叉开站稳，右手食指轻轻放在快门按钮上，左手掌托相机并用拇指和中指捏住聚焦环。

2. 平稳追随

平稳追随动体，就要使动体在被追随过程中相对稳定于取景器的中心。也就是说，动体虽在运动，但相对于相机是静止的。所以，拍摄者在追随时应将头部与身体作为

数码摄影技术（第二版）

一个整体一起运动，这样有助于平稳追随。

3. 在运动过程中按下快门

在运动过程中按下快门就是边运动边按下快门。这就要求拍摄者在按下快门时不能停止追随，否则就难以达到追随拍摄的效果。

追随拍摄有横向追随与旋转追随。横向追随拍摄主要用于拍摄做横向运动的物体，是摄影者常用的一种方法。旋转追随拍摄主要用于拍摄做旋转运动的物体。旋转追随拍摄比横向追随拍摄难度大。

二、追随拍摄的快门速度与背景

1. 快门速度

追随拍摄的快门速度宜选择 1/60 ～ 1/20 秒，具体要根据物体运动的速度和摄距来确定。快门速度越慢，操作难度越大，但如果掌握得好，背景线状模糊较强烈，效果会更好。当然，快门速度不能慢于安全快门速度。但如果快门速度太快，背景线状模糊较弱，追随拍摄效果就不会很明显。

2. 背景

追随拍摄宜选择明暗掺杂或色彩缤纷的非单一色调的背景，如花草树木等，这样的背景有利于在追随拍摄中出现丰富的线状虚糊（如图 8-1 至图 8-3 所示）。如果是单一色调的背景，如以白墙为背景，那么技术高明的摄影者也难以拍出追随效果。

图 8-1 追随拍摄法

图 8-2 追随拍摄法（黄宝明摄）

图 8-3 追随拍摄法（吴少华摄）

三、追随拍摄的角度、摄距与光线

1. 拍摄角度

追随拍摄的拍摄角度（即拍摄方向与运动方向的夹角）选择 75°～90° 为宜，角度太大或太小都会影响拍摄效果。

2. 摄距

摄距应根据被摄动体的横跨度或高度来确定。被摄动体的横跨度或高度不同，则摄距不同，快门速度的选择也会不同。

3. 光线

逆光或侧逆光的光线条件对追随拍摄较为理想，有助于分离主体与背景，使画面富有空间感。

📷 任务二 雨景拍摄技巧

任务导入	雨天的光线变化很复杂，雨大和雨小时雨点下落速度不同，宜采取减少曝光的方法进行拍摄。
任务目标	掌握雨天拍摄的方法与快门速度的选择。

雨天拍摄容易获得朦胧的画面效果。

一、拍摄雨景时的曝光

雨天的光线变化很复杂，有时亮度很低，光线方向不明确，有时亮度又很高，不同亮度条件下的曝光量可能相差好几倍。

拍摄雨景，一般多采取减少曝光的方法，即按正常曝光量减少一挡至一挡半，这样有助于提高画面的反差。因为水珠、水滴几乎透明，在深色环境中容易因曝光过度而损失"水"的质感。在下雨的环境中，景物的反差小，曝光过度会使反差更小，那么拍出的画面则是灰蒙蒙一片。

二、拍摄雨景时的快门速度

拍摄雨景时的快门速度不可太快，因为快门速度太快，会把雨水"凝"住，只形成一个个小点，而没有雨水的感觉。如果使用的快门速度太慢时，会把雨水"拉"成长条，效果也不好。快门速度以 1/60～1/20 秒为好，这样的速度可以强调出雨水降落时的动感（如图 8-4、图 8-5 所示）。在拍摄雨景时我们可以尝试按照"雨小速度慢，雨大速度快"的规律调整快门速度。

三、拍摄雨景时的注意事项

（1）拍摄雨景时，要注意在镜头和雨点之间要拉开距离。雨点离镜头过近时，一滴很小的雨点也会遮住远处的景物。当然，有时拍摄者也会有意制造这种特殊效果。

（2）相机不能淋雨，也不要使镜头溅上雨点。在雨天拍摄时，我们可用雨伞遮住相机或把相机装在塑料袋里，把镜头和取景部位露出来。

（3）拍摄雨景时，深色的背景可以把明亮的雨丝凸显出来，所以不能以天空或浅色的景物作为背景。

（4）在室内，如想要表现透过窗户看雨景，可在室外玻璃窗上涂上薄薄的一层油，这样，水珠容易挂在玻璃上，渲染雨天的气氛。

图 8-4　水上画圈

图 8-5　雨帘遮花

项目二 风光美景拍摄技巧

📷 任务一 自然风光拍摄技巧

任务导入	旧式的建筑风格与异域风土人情及大自然"鬼斧神工"创造的自然美景，都是不能错过的拍摄对象。
任务目标	拍摄"神""奇"的风光。

蓝天下的景色、远处群山环抱的森林、连绵不断的山丘、浩瀚的海洋、无垠的沙漠、广袤的田野和平原等，这些迷人的自然风光是众多摄影爱好者所喜好的摄影题材。但若想要让每一张照片都能表达出景色的特别之处，需要拍摄者具备一定的摄影技术以及艺术功力，才能够为照片注入灵魂。

一、选景要奇

自然风光摄影选景要奇。如果画面平平淡淡，就没有感染力。在拍摄某一处风光之前，拍摄者要仔细观察被摄景物，根据自己对客观景物的了解和感受，在脑海中有意识地想象最后所要得到的影像，如能在想象的过程中加入触景生情的元素，以情写景，就有利于构思出景美、意新、形式新颖的画面。

如图8-6所示的山村风光，照片中奇特的半山建筑成为引起观赏者关注的亮点，旧式的建筑风格让人感受到当地纯朴的风土人情。

图8-6 选景要奇示例

数码摄影技术（第二版）

二、取景要精

自然风光摄影取景要精，画面应代表此处景物的精髓。取景要精的关键在于要抓住所拍摄景物的特点，选取景物最富有代表性的部分。

拍摄自然风光时拍摄者必须具备一种强烈的地点意识。带有地方特色的元素包括诸如动物、植物、服装式样、建筑物细节等表达出了某一特定地方的特征。另外，好的风光照片，它的画面能向人们传达出一种对气氛的描述，让人似乎身临其境（如图8-7所示）。

图 8-7　取景要精示例

三、抓景要快

拍摄自然风光也要抓住瞬间。虽然自然界的景物看似不动，但在画面上的造型效果受多种因素的制约。季节的变化可以改变画面中景物的色调；天气的阴晴能够改变画面的空间表现；时间的变化影响着光线照射景物的方向和角度，它将改变画面的线条结构和影调结构。车马行船、人物活动，这些元素在自然风光照片中虽然不是主体，但把握不好瞬间可能会导致喧宾夺主。所以，在拍摄自然风光时，拍摄者要有较强的瞬间观念，抓景要快，不要错过最佳拍摄时机。

如图8-8所示，拍摄者不但捕捉到了太阳就快出现时从云中透射出来的光线，而且还捕捉到树木在风中的形态。

图 8-8　抓景要快示例

四、表景要美

景美，是拍摄自然风光的一个重要的出发点。表景要美包括两个方面的含义：一是画面表现形式要美，二是体现出的情思和寓意的意境要美。画面表现形式美首先是追求一种扑面而来的整体美，犹如音乐中的主旋律；其次是追求色、光、线、形的细节美，给人以欣赏玩味的起伏感，又好像音乐中的节奏。意境美是拍摄者寄情于景，把人的情感融于自然景物之中，凝结于画面之上，画面上有情有景，情景交融（如图 8-9 所示）。

图 8-9　表景要美示例

 ## 任务二　逆光拍摄技巧

任务导入	逆光是一种颇具表现力的光线，分为全逆光和侧逆光。逆光时产生的轮廓光能起到将主体与背景分离的作用。
任务目标	进行全逆光拍摄和侧逆光拍摄，比较这两种照片在勾画拍摄对象的轮廓上有何不同效果。

逆光时产生的轮廓光能够勾画出拍摄对象的轮廓，能够将主体与背景分离，达到进一步塑造主体形象的目的。而且，主体的轮廓光线能够渲染画面气氛，丰富和活跃画面氛围。

逆光分为全逆光和侧逆光两种。从光位看，全逆光是正对着相机，从被摄体的背面照射过来的光，也称背光。侧逆光是从相机左、右 135°左右的后侧面向被摄体的光，被摄体的受光面占 1/3，背光面占 2/3。从光比看，被摄体和背景处在暗处或 2/3 面积在暗处，因此明与暗的光比大，反差强烈。从光效看，逆光对不透明物体产生轮廓光，对透明或半透明物体产生透射光，对液体或水面产生闪烁光。

摄影中的逆光是最具表现力的一种光线。它能使画面产生完全不同于肉眼在现场所见到的实际光线的艺术效果。

一、质感

对拍摄透明或半透明的物体，如花卉、植物枝叶等，逆光为最佳光线。因为，一方面逆光照射使透光物体的色明度和饱和度都得到提高，使顺光下平淡无味的物体呈现出美丽的光泽和较好的透明感；另一方面，逆光使同一场景中的透光物体与不透光物体之间亮度差明显拉大，大大增强了画面的艺术效果（如图 8-10 所示）。

图 8-10　逆光拍摄效果 1

二、能够增强氛围的渲染性

在大自然中拍摄早晨和傍晚的风景时，采用低角度、大逆光的光影造型手段，逆射的光线会勾画出红霞如染、云海蒸腾，山峦、村落、林木如墨，如果再加上薄雾、飞鸟，各种元素相互衬托起来，在视觉和心灵上就会引发人们强烈的共鸣，使画面更具内涵，意境更高，韵味更浓（如图 8-11 所示）。

图 8-11　逆光拍摄效果 2

三、能够增强画面的纵深感

若早晨或傍晚在逆光下进行拍摄,由于空气中介质状况的不同,画面的色彩构成也会发生远近不同的变化:前景暗,背景亮;前景色彩饱和度高,背景色彩饱和度低。于是,整个画面由远及近,色彩由淡而浓,亮度由亮而暗,形成了微妙的空间纵深感(如图 8-12 所示)。

图 8-12 逆光拍摄效果 3

任务三 城市风光拍摄技巧

任务导入	城市里有许多外墙亮丽的雄伟建筑,也有一些经过修缮的古街、古民居,这些都是拍摄的理想对象。
任务目标	掌握拍摄城市风光时取景和用光的方式。

城市里那些外墙亮丽的雄伟建筑是许多摄影爱好者拍摄的对象。拍摄建筑的方便之处在于拍摄者可从容构图,可选择不同的视点进行拍摄。

一、城市建筑的取景与构图

由于建筑物具有不可移动性,选好摄影视点对取景构图就尤为重要。摄影视点应有利于表现建筑的空间、层次和环境。空间是建筑的主体,层次是表现空间的变化和深度,而环境则不仅仅是为了衬托建筑,创造一种气氛,其本身就是建筑的不可缺少的组成部分。

图 8-13　童话世界

优秀的建筑或建筑群必然具有优美的建筑环境。在拍摄城市建筑时还应特别注意避开与主题无关的邻近建筑、电线、广告牌等的干扰，寻找能充分表现建筑的拍摄点，以获得满意的构图效果。有时为了突出主题，取景构图时也可特意摄入其他建筑作为陪衬，但一定要注意主题建筑与其他建筑的透视关系，不能喧宾夺主。在拍摄建筑群时，高视点取景能较好地表现建筑群的空间层次感（如图 8-13 所示）。

拍摄城市建筑，无论拍摄单个建筑或群体建筑，为了寻找最佳的摄影视点，拍摄者一定要事先全方位考虑所拍建筑周围所有可能的视点，并锁定一两个具有代表性的能体现建筑的魅力和个性的视点来进行重点拍摄（如图 8-14 所示）。为

图 8-14　印象神马

了取得理想的效果，拍摄时可以采取升高视点来拍摄的做法，以尽量避免因拍摄视点太仰或太俯而出现主体建筑变形。通常情况下，高视点更便于全面展示现代建筑四周地面或水面的环境，让画面显得更开阔。拍摄时还要注意选择柔和的前侧光光线，用以减少浅色建筑与深色环境之间的反差，这样拍出来的照片才会和谐完美。

一般来说，竖幅画面拍摄能较好地表现建筑物的高大雄伟或街道的纵深感，横幅画面拍摄能较好地表现建筑群的林立。大多数建筑物有不同的表面，从不同的角度看，有不同的姿态和不同的特点。若绕着感兴趣的建筑物四处走动，仔细观察，就可以发现其上上下下的许多细节，发现建筑物所呈现出来的线条的特点和气质，然后去确定合适的取景范围，选择合适的表现手法将这些特点和气质表现出来。

二、城市建筑拍摄的光线选择

拍摄城市建筑外貌时的光线主要是自然光。因此，正确运用自然光就显得十分重要。不同的光线变化，对建筑物有不同的造型作用。因此，在拍摄城市建筑的时候，有必要把握不同质地、不同表面、不同结构的建筑物在不同光线下的色彩效果，如在清晨、下午和黄昏，拍摄玻璃房和土楼的色彩效果是不一样的。

建筑是依靠自身的三维空间来表现其立体的空间，而用平面的照片形式来表现立体空间时，在一定程度上将有赖于光与影，这就要求拍摄者懂得正确用光。正确用光是指选择光的方向、强度和品质，既要表现出受光面材料的纹理质感，又要能显示出阴影凹处的深度而又不失凹处的细节（如图 8-15 所示）。

图 8-15 城市风光

建筑物的摄影用光主要采用顺光或半侧光，顺光利于表现高楼大厦的具体细节，半侧光使建筑物有较大的明暗反差，能表现出立体感。现代建筑的外墙很多为玻璃装嵌，会反光刺眼，为了清晰再现细节，拍摄时应在镜头前装偏光镜，消除玻璃的反光。

在天气晴朗的条件下，如果想表现建筑物的某一侧面或建筑物的某一局部细节的图案形式，可选择顺光拍摄（如图8-15所示）；如果想让表现的建筑物呈剪影形式，最好选择在早晨、黄昏时拍摄，这时天空中的景色也会为画面增添浓厚的气氛；阴天也是拍摄建筑物外貌的好时机，此时的散射光没有明显的方向性，且光线柔和，有利于表现建筑物的全貌和细节。

摄影是"用光作画"，光线照射不到的阴影，必然也是"作画"过程中的一个重要方面。虽然在摄影创作中人们往往忽视了阴影的作用，甚至有意地避开阴影，但它仍然是许多摄影作品中一个生动的要素，对于建筑摄影则更重要些。

一般来说，物体在清晨和傍晚时的影子最长，如果在这时拍摄，往往可以获得夸张和变形的效果。我们在拍摄时最好选择较高的视点，这样会取得更好的效果。阳光越强，影子就越暗，其效果也就越强烈。黑色的影子由于缺少容易使人转移注意力的细节，所以能产生强烈、鲜明的画面形式。浓重的、有一定方向的阴影，如果是作为均衡画面或增强透视结构的要素，就会在画面构图中起主要的作用。

画面上大面积的阴影，有时会产生意想不到的魅力。当拍摄前景很杂乱且又有难以避开的景物时，阴影区域是极为有用的。例如，在拍摄一幢刚完工的大楼时发现前景区域堆满了建筑机械、旧脚手架和其他杂物，此时便可选择建筑物被强烈的阳光所照射，而前景正好处于暗色阴影中的那一时刻来拍摄。曝光时要记住从强光区域取一个准确的曝光读数，这样，阴影里的细节就会因曝光不足而无法显示出来。

三、城市建筑印象

建筑摄影并不是一定要去拍摄宏大的建筑，我们平时所见到的街景、民房都可以成为建筑摄影的对象，关键是要有好的色彩和独特的角度。有些时候，黑白照片也能表达别样的建筑摄影效果，尤其适合于旧建筑。

要善于在平凡的街巷中发现不平凡。走街串巷拍摄市井风情，也是城市风光摄影的一部分。街巷是一个城市的窗口，透过这个窗口，我们可以看到这个城市的现状及发展变化，也可以看到各具特色的风土民情。街巷中的景观是丰富多彩的，但也是纷繁复杂的。如果把街巷的居民及他们的生活方式摄入画面，使建筑照片和风土人情巧妙地合二为一，不但更有意义，而且更能显示出这一作品的个性。

每一城市的街巷各有不同，各有特色，发现了不同就找到了特色。因此，我们要懂得在观察中思考，在思考中观察。注意观察街巷的建筑类型、房屋布局、街巷的景和情，发现它们独有的景致和别具特色的情节。有了情节，才会使画面动起来，活起来。只有景和情交汇在一些，才能构成有民俗特色的作品。

新世纪的城市建筑通常是引人注目的。我们在拍摄时不要墨守成规，要有意识地打破常规，采用灵活多样、富有创新精神的方法来处理画面。特别是在画面构图上，一定要反复推敲，精心构思，拍摄时可以尝试将完整建筑结构的一部分从与之相连的其他部分中分离出来，以制造出一种抽象的、简洁的画面。另外，拍摄时我们还要灵活机智，将城市建筑四周可以利用的花草、树木、建筑物框架等作为新奇的前景加以合理运用，给原本平淡的题材注入新的活力，拍出令人耳目一新的好照片。

思考题

1. 追随拍摄的操作要领有哪些？应注意什么？

2. 追随拍摄时如何选择快门速度？

3. 拍摄雨景时的快门速度以多少为宜？

4. 如何掌握逆光的拍摄方法？

学习情境九
天体摄影与旅游摄影

项目一　天体摄影

 任务一　日出与日落的拍摄

任务导入	春秋两季是拍摄日出与日落的最佳季节，而日出后的 10 分钟和日落前的 10 分钟是拍摄的最好时机，所以要抓准时机，及时按下快门。
任务目标	掌握日出与日落的拍摄技巧。

对于太阳的拍摄，一般不要选择正午的太阳，因为正午时太阳的亮度极大，而且太阳四周没有云霞，看起来比较单调。所以，有经验的拍摄者一般选择日出与日落之际进行拍摄。

一、拍摄时机与器材选择

1. 拍摄时机

拍摄日出与日落的最佳季节是春秋两季，主要是因为春秋季节在日出与日落时分的云霞较为丰富。火红的朝霞和晚霞能使日出和日落的画面给人以更多的美感（如图 9-1 所示）。日出后的 10 分钟和日落前的 10 分钟是拍摄的最好时机，特别是在太阳处于云朵边缘位置时，云朵会出现醒目的亮边；当云朵遮挡太阳时，阳光又会从云朵的间隙迸发出散射的光芒。

2. 选择器材

拍摄日出或日落的相机以单镜头反光型数码相机为宜，因为这种相机可更换长焦

图 9-1　拍摄日落

距镜头。由于太阳距离我们远，因此太阳在照片上成像的直径约是镜头焦距的 1/100。例如，使用镜头焦距 50 mm 的标准镜头拍摄时，照片上的太阳直径只有 0.5 mm。一般来说，采用镜头焦距 200 mm 左右的镜头拍摄日出或日落较为合适。

三脚架对拍摄日出与日落是十分有用的，尤其在使用长焦镜头时更是必不可少的；日出与日落时分的光线亮度不高，遮光罩也比通常拍摄时更重要，它有助于限制在镜头内产生的眩光；光芒镜可使画面中的太阳反射醒目的光芒。

二、曝光与取景

1. 曝光

日出与日落时太阳的光线变化较大且变化速度较快，一分钟前的曝光和一分钟后的曝光就会大不一样，尤其在日出时。因此，这时较适合采用 ±1 挡的梯级曝光法。要注意：确定基准曝光量的测光操作不能对着太阳，而应对着天空（这里的"天空"指看不到太阳的天空）。

2. 取景

日出与日落时的取景应根据拍摄意图和现场条件而定。

低角度拍摄可使画面充满灿烂的云霞，以微波荡漾的水面为前景的日出与日落画面使人心旷神怡，以观看日出的人物剪影为前景又能给人身临其境之感。

云是自然的反光物体，它能反射出太阳的红光。云彩也可以作为摄影的主要题材。

拍摄日出和日落的水面倒影会使照片增色不少。平静的海面或湖面能映出天空中

的景物，呈现出如镜中一样的影像。

以日落作为主题时，应该更重视控制光圈的大小。小光圈能使太阳呈现星星状的效果，光圈越小，这种效果就越好。

当太阳渐渐西落时，色温降低，形成暖色调。在肉眼看到太阳呈红色之前，它先是呈深黄色，然后呈橘黄色，最后呈红色。

总之，日出和日落时，画面的光线、色调等变化较快，所以拍摄者应仔细观察，取景时"干净利落"，抓住时机。

任务二　星星、月亮与夜景的拍摄

任务导入	月光下的夜景和灯光下的夜景是不一样的，拍摄夜景和拍摄夜景下的人物也有很大的区别。
任务目标	掌握月光下和灯光下景物和人物的拍摄技巧。

一、月亮与星星的拍摄

1. 月亮影像的大小

与太阳一样，月亮在照片上的结像大小约是镜头焦距的1/100，若使用镜头焦距50 mm标准镜头拍摄，照片上的月亮直径只有0.5 mm，因此拍摄月亮时最好用焦距为400～500 mm的镜头，这时月亮在照片上成像的直径可达4～5 mm。

2. 拍摄月亮时的曝光

拍摄月亮时可根据感光度确定快门速度，而由于月亮的光的强度不变，光圈可选择F16。曝光组合可用F16、1/125秒或相应的其他曝光组合。不管拍摄的是圆月还是弯月，由于月亮的光的强度是不变的，因此曝光量也是不变的。

3. 拍摄星星的轨迹

星星的移动是地球自转的反映，由东向西慢慢移动，约24小时旋转一周。把相机稳定在三脚架上，向着北边的星空，以北极星为中心曝光数十分钟，就会拍出很多呈同心圆状的星星移动的轨迹。

拍摄星星轨迹的理想条件是天高气爽、清澈漆黑的夜晚，以漆黑的天空作为背景更能突出星星的轨迹。拍摄星星轨迹一般使用缩小光圈配合长时间的曝光。

4. 拍摄繁星点点

由于要体现"繁星点点"，就不能采用长时间曝光的方式，而是要将相机感光度设置为ISO 400以上，并使用三脚架固定相机，对着星空曝光15秒左右，结合强化冲洗，即能拍出繁星点点的夜空。一般采用梯级曝光法有助于获得曝光最佳的画面。

二、夜景拍摄

1. 在月光下拍摄景色

在月光下拍摄景色时必须进行长时间的曝光，这就意味着必须用三脚架。在明亮的满月下拍摄月光照射的景物，若光圈选择最大 F2，则快门速度需用 15 秒；当天空中的月亮呈半月状时，应选择的曝光组合为 F2、45 秒。在比较暗的月光下拍摄景物时，则可采用梯级拍摄法拍摄（如图 9-2 所示）。

图 9-2 暗的月光下的拍摄效果（曾彩云摄）

2. 夜景人像拍摄

夜景人像的拍摄难度比较大。因为既要考虑到前景、背景的正常曝光，又要考虑到如何才能保证前景人物的影像清晰，这是多数游客在夜景中拍摄人像时遇到的难题之一。尤其是在使用相机自动挡拍摄的时候，如果打开闪光灯，使离相机较近的人物得到了正确的曝光，但是由于相机闪光灯范围有限且曝光时间短，使得本来肉眼看来绚丽无比的夜景在画面中显得黑乎乎的一片。

拍摄远处的夜景时，需要长时间的曝光才能得到正常的曝光效果，而近处的人物因为闪光灯的照射只需要很短的曝光时间就可以了。所以，在拍摄的时候最好使用相机的手动挡，将快门调慢，同时强制打开闪光灯。在闪光灯闪过后建议被拍人物维持原来的姿势直到曝光结束，这样就会拍出人物和夜景曝光都很正常的照片了（如图 9-3 所示）。

图 9-3　夜景人像拍摄效果

　　另外，因为在对背景进行长时间曝光时需要保持相机静止不动，这时三脚架就成为必需品了。

　　夜景人像拍摄必须注意以下几点。

　　（1）尽可能不使用"傻瓜"相机。在现场光线较暗时，较低级或中级的"傻瓜"相机就会自动闪光补光，这种闪光补光导致"光线人够景不够"，即人物的脸部一片白，而背景是一片黑，所以应使用具有手控调节光圈、快门功能的相机。

　　夜间光线较暗，因此可先按 ISO 1600 或 ISO 3200 进行曝光，确定正确的曝光参考表，然后再降低感光度，逐级变换光圈和快门速度。如果拍摄配有新颖泛光灯照明的建筑，当天色完全暗下来后，若选择 ISO 100，可考虑 F8、1 秒的曝光组合，当然也可选择 F5.6、1/2 秒或 F11、2 秒等的曝光组合。

　　（2）不要过分相信相机上的"夜景模式"。有些相机具有"夜景模式"，但这种模式只能聚焦在无限远处，因此不能用来拍摄夜景人像，否则，照片上必定是景色清晰而人像模糊。

　　（3）使用三脚架。由于夜间的光线比较暗，拍摄时往往要用较大的光圈和较长的曝光时间，所以最好用三脚架固定相机，这时即使快门速度长达几秒钟也不会发生相机抖动的现象。

　　（4）闪光灯。闪光灯照明具有照近不照远的特性。当人距闪光灯 3~5 米而景距闪光灯 15 米以上时，闪光灯对景基本没有光线补充作用。如果要将人像的立体效果体现出来，应准备两只以上的闪光灯。

项目二　旅　游　摄　影

📷 **任务一　旅游摄影的基本要求**

任务导入	通过多景点、多角度拍摄，可展现旅游景点的优美景观、人文气息、地方特色及名胜古迹等。
任务目标	了解旅游摄影的特点；拍摄一套完整的旅游照片。

一、旅游摄影应准备的器材

1. 相机的选择

如果经济条件许可，最好选择一架带有测光装置的单镜头反光型数码相机。因为这类相机的镜头结像较好，并且由于镜头可以拆卸，可换用各类镜头，大大扩展了相机的拍摄范围。

2. 单镜头反光型数码相机的配套镜头

对于一般的旅游摄影来说，除了焦距为 50 mm 左右的标准镜头之外，最好能有一支 28 mm 的广角镜头，外加一支 100 mm 左右的中焦距镜头。如果条件许可，再添置一支 70 ～ 210 mm 的变焦镜头，会在摄影中有如虎添翼之感。

3. 三脚架

三脚架能帮助我们不用闪光灯就可拍摄出现场光线极具自然气氛的照片。选择三脚架的首要条件是稳定性好。

4. 闪光灯

闪光灯除了在夜间和室内摄影中作为主光源外，在旅游摄影中还可用来给在逆光下的人物脸部补光。一般应选择指数在 20 以上的闪光灯，最好配上一根稍长些的闪光连接线。

5. 其他器材

镜头纸、吹气球、滤镜、备用电池等。

二、旅游纪念照拍摄的一般要求

旅游纪念照有展示"到此一游"的作用，并记录旅游景点的优美景观、人文气息、地方特色及名胜古迹。

1. 出发前的准备

旅游观景往往是走马观花，有时会漏掉某些主要景点。因此，在旅游出发之前，可先阅读旅游景点的有关书籍、旅游指南等，也可上网查找相关资料，了解所去之处

主要景点的特点、历史背景等。

2. 旅游途中摄影

旅游时我们通常会乘坐飞机、火车与汽车、轮船，途中或经过某些城市，看到一些具有特色的景物，因此应把照相机应放在身边，随时准备拍摄。

（1）飞机。机场一般都有比较漂亮的建筑；乘坐的飞机机型各种各样；飞机飞行途中，可能会见到各种各样云的景观。而这些景观一闪就过，因此必须眼明手快，及时抓拍。

（2）火车与汽车。乘坐火车与汽车经过奇山、城市的机会较多，可拍的景色也多。火车与汽车在行驶中震动较大，因此在车上拍摄时快门速度不宜低于1/250秒。

（3）轮船。轮船是最为宽敞的交通工具，游客可在船上活动，船首的波涛、船尾的浪花、海边城市、海上孤岛等，都是拍摄对象。拍摄时，快门速度不宜低于1/125秒。

3. 旅游纪念照拍摄

（1）多景点。一到旅游景区，进入我们视线的景区入口一般是值得拍摄的，景区内又有很多名胜古迹、有地方特色的景物等，这些都是拍摄对象。除此之外，当地的风土人情、民俗民风也是拍摄对象。还有，每到一地的车站、码头、机场，所住的宾馆、饭店等的内外景色都值得留影。

（2）多角度。拍摄旅游照片不要拍成千篇一律的"面对镜头，脸带三分笑"，这样会造成呆板的感觉。除了拍摄景点之外，娱乐、参观、谈笑、行走、等待、进餐、休息时的场景也是可拍摄的题材。拍摄时不仅可从正面拍，也可从侧面拍，顺光拍，逆光拍，从多角度拍摄，可得到许多画面生动的照片（如图9-4至图9-6所示）。

（3）人景交融。拍摄旅游照片时要恰当地处理好人与景物的关系，力求人景交融。既要避免人离相机太近，占画面太多，又忌人离相机太远而使人像太小，看不清楚。大景深对旅游纪念照片往往是必需的，尤其应防止把主要景物拍虚，但把非主要景物拍虚则是可选之举。

图9-4　戏水戏人

120

图 9-5　瞧她在干什么

图 9-6　专注

任务二　旅游摄影技巧

任务导入	身处大自然，满眼都是景物，取景时要"知其时，观其势，表其质，现其伟"，才能拍出优秀的作品。
任务目标	掌握旅游摄影拍摄技巧。

一、旅游风光摄影手法

旅游风光摄影手法可归纳为知、观、表、现，即知其时，观其势，表其质，现其伟。

1. 知其时

"时"的意义有广义和狭义之分。广义的"时"是指春、夏、秋、冬四个季节。我们都知道，把大自然装点得多姿多彩的花草树木，它们的孕育、茁长、枯落，无不随着四季的变迁而变化。因此，同一地点的风光景物，四季里就有不同的景色特点，随着季节气候变化，花草树木呈现出不同的姿态。就连浮游在天空的云，都在不同季节展现着不同的奇景（如图 9-7、图 9-8 所示）。因此，要表现大自然，拍摄具有典型性的风光，我们就要对广义的"时"细加分析、深入了解，有效地把握好最佳拍摄时机。

而狭义的"时"是指一天里自早晨至黄昏，甚至晚上。摄影最主要的条件是光源，而拍摄大自然风光所靠的光源是太阳。因此，我们须恰当利用这唯一的、非摄影者能控制的光源。这就要求我们必须了解阳光的方向和投射的位置会随着季节和时间发生怎样的变化。我们一般只知太阳东升西落，而实际上升降的方向都是随季节而移动的，

图 9-7　高山云海

因此光的改变也直接影响了画面的效果。冬天太阳升起的位置偏南，而投射偏向北；夏天太阳升起的位置偏北，而投射偏向南。光源对摄影的影响极大，纵然光源位置只是一线之差，拍摄效果都会有很大的不同。

2. 观其势

观其势是指观察拍摄景物所处的整个环境和形势。当我们处在大自然的怀抱中时，满眼都是美景，如何取舍，如何选择最佳位置和最佳角度等，有时候很难确定。所以，我们必须细心地、耐心地从各种位置和角度去探讨。仔细观察，结合积累的经验，选取认为理想的角度去拍摄心目中已初选的景物，再加以细致的"剪裁"，即使最细微的地方也不容疏忽。一草一石，一枝一叶，都要列入推敲的范围。因为很多看似微不足道的事物和毫不重要的地方，

图 9-8 云中"虎"

对一幅画面是否完美往往具有关键作用。总之，我们对眼前的景色要有无比的热情，四处观察、取景，去认识这些景色，了解这些景色。

3. 表其质

对于大自然中的花、草、木、石、泥，我们要熟悉和掌握其本质，这有利于将其有效地重现于画面中。所以，我们在表现景或物的时候，不仅仅要表现其形貌的轮廓，重要的是要表现其本质的感觉，既有骨，又有肉。这样才能让观众感觉到景物的生命力。

4. 观其伟

在拍摄崇山峻岭、参天大树等时，可运用镜头的角度拍摄出"伟"的效果，也可以运用衬托对比的方法，使景物的"伟"更易彰显出来。在这里，"伟"也可以引申为美，即把景色最美之处给突显出来。那么，我们拍摄风光照片时如何去观其"伟"呢？关键在于抓景物的特点、气质。如黄山，有云海、温泉、奇松、怪石，但是我们把视野放到大处，便有各具奇景、各具奇险的36大峰和36小峰；若再放大一些，更有不少郁郁苍苍的茂林、清幽深邃的岩谷。再把视线"收"回身边，便有许多"自由自在"的小景，这一切，都足以令人心醉神迷。因此，当我们进入名山大川时，要凭自己的眼力和经验，发现景物最美的一面，把景物的各种"伟"尽收镜头。

二、运用摄影手段拍摄优秀风光照片

1. 运用倒影来增添感染力

倒影可以为画面增添感染力（如图 9-9、图 9-10 所示）。由于景物倒影可以使风景的部分图案得以延伸或重复，扩大风光影像的表现力与表现范围，还可以为景色增加宁静感。捕捉倒影的最佳时机首先是在日出时分，那时环境周围的气氛平静；其次是在日落时分。最富有戏剧性的倒影经常出现在像镜子一样的水面上，如池塘、水坑、河水退后形成的小湖泊。在拍摄之前，我们应先观察，选择拍摄地点，以便能拍摄到景物的倒影，为画面增添非常有趣的部分。

图 9-9　镜海风光 1

图 9-10　镜海风光 2

2. 选择与太阳光线成直角的景物拍摄

在清晨或傍晚的时候，光线会勾画出大地的轮廓，使之产生立体感，所以清晨或傍晚是取景的较好时机。若选择与落日或旭日成直角的景物来拍摄，则能为表现风光的形态提供最好的造型，还可以产生最大限度的天空偏振光。

拍摄时，我们可以使用一块较大的反光板或加柔光片的辅助闪光来增加色彩饱和度并降低前景重要成分的反差。

当天空处于半阴状态，云朵高悬于远处上空时，最有可能出现富有戏剧性的画面。

要在太阳处于地平线以下时拍摄，那时太阳的余晖照射到天空上方，云彩呈现出粉红色和红色调，这种暖调的粉红色和红色光会形成柔和的反光，映红下面的景色。

3. 设法使用望远镜头拍摄

使用望远镜头拍摄能为画面增添抽象的成分。望远镜头的焦距长，可以把丘陵或山脉压缩在一起，增加画面的纵深感，从而刻画出具有抽象风格的风光照片。另外，我们还可以利用望远镜头的压缩、重叠效果，例如，拍摄树冠上的花，可以使层层花朵重叠在一起，表现出繁花似锦的效果。望远镜头会同时产生压缩和扩展的效果。为了追求这种最强烈的戏剧性效果，不妨让 3 个或 3 个以上的斜面按对角线相交，把部分景色框住，这样大多数轮廓线将会聚在一起。望远变焦镜头可以准确地将它框住。

4. 寻找意想不到的被摄体

在做拍摄准备时，我们要注意观察自然界中人们不太注意的事物，它们可能为构图增添额外的情趣。例如，当你在拍摄某海岸的海滩时，在退潮时来到预先找好的拍摄地点，潮水退后留下了许多色彩艳丽的海星附在海滩的岩石上，于是这些海星成了照片醒目前景的主要元素。

思考题

1. 如何拍摄月光？拍摄月光时宜采用什么拍摄法？
2. 如何拍摄星星的轨迹？
3. 拍摄旅游照片前应做哪些准备工作？
4. 进行旅游风光拍摄时应掌握哪些手法？

学习情境十
舞台摄影与体育摄影

项目一　舞台摄影

　任务一　舞台摄影曝光与镜头焦距选择

任务导入	舞台上通常采用舞台现场灯光，所以摄影时不使用闪光灯，否则会影响现场光的色彩。根据拍摄意图，在拍摄时需要经常变换焦距。
任务目标	正确选择感光度、镜头焦距。

　　舞台摄影时抓拍很重要，既要不失时机地拍下演员的优美动作，又要保证不改变舞台的灯光色彩。

一、舞台灯光与曝光

　　舞台上通常采用舞台现场灯光，所以摄影时不使用闪光灯。对拍摄者来说，舞台灯光的特点如下：　一是演员受光与背景受光的差别极大；二是演员在舞台不同位置的受光也存在明显差异；三是舞台上常常使用有色灯光渲染舞台效果；四是有多种灯型，变化多端，如正面光、侧面光、脚光、逆光、追光；五是灯光强度相对于室外自然光来说要弱得多。

　　针对舞台灯光的这些特点，舞台摄影宜用 ISO 400 以上的感光度，高感光度不仅能满足低光量拍动体的需要，而且有较大的曝光宽容度，有助于记录亮度反差大的被摄对象。

　　由于舞台上主体与背景的光比较大，若选用 ISO 400 感光度进行拍摄，则光圈和快门速度可用 F4、1/60 秒的组合或相同的曝光组合；若选用 ISO 200 感光度拍摄，则光圈和快门速度用 F8、1/60 秒的组合或相同的曝光组合。对于初学者来说，可根据具体情况，采用梯级曝光法拍摄。

二、选择拍摄位置与镜头焦距

1. 拍摄位置

进行舞台拍摄时，拍摄位置的选择，主要是根据拍摄者的拍摄意图、所要拍摄的景别来考虑的。一般的拍摄位置有：一是楼下一排正中偏左一点，便于拍摄演员进入舞台时的"亮相"动作的中、近景；二是第五排左右靠走道边的位置，便于拍摄者前后活动取景；三是二楼第一排正中位置，便于拍摄大场面，防止前后演员"重叠"，有助于拍摄图案美的画面。

2. 镜头焦距

进行舞台拍摄时，中焦镜头用得最多，如果带上一支含有中焦，如 35 ～ 105 mm 或 70 ～ 150 mm 的变焦镜头，拍摄起来会更加"自由"。对于拍摄演员的中、近景，中焦镜头是不可缺少的。

📷 任务二　拍摄时机的选择

任务导入	舞台上不同剧情有不同的特点，一些优美造型或富有表现力的动作会一闪而过，所以拍摄前应先了解清楚剧情。
任务目标	掌握各种剧情特点，选择拍摄时机。

进行舞台拍摄时，由于一些优美造型或富有表现力的动作会一闪而过，所以拍摄者在拍摄前应先了解剧情的发展及特点，以便于及时抓拍。一般来说，若有条件，应事先看一两遍，对剧情的发展有所了解，明确演出的高潮或精彩的瞬间在何时出现，这对拍摄者不失时机地拍下演员的优美动作有很大的帮助。

一、舞蹈的拍摄特点

舞蹈是摄影爱好者偏爱的摄影题材，因为舞蹈表演中演员通过各种形体动作来表达感情，这些形体动作富有艺术美感和张力。拍摄不同舞蹈表演时拍摄者的关注点是不同的，比如拍摄芭蕾舞要注意表现脚尖的姿态，拍摄蒙古舞要注意表现抖肩动背，拍摄单人舞要注意表现演员的优美、抒情的舞姿，拍摄双人舞要注意表现两人配合默契的动作，拍摄集体舞要注意表现集体的造型。

拍摄舞蹈表演时，常用快门速度为 1/60 秒或 1/125 秒，有助于取得虚实结合的舞台形象。对优美抒情的、动作舒缓的舞姿，则应抓取其最动人的姿态和生动的表情；集体舞的开场与结尾往往设计了优美的造型，所以开场和结尾是拍摄集体造型最好的时机（如图 10-1 所示）。

图 10-1　集体舞的拍摄

二、戏曲的拍摄特点

戏曲的特点是以手、脚、眼、身、步配合唱腔来表达角色的内心活动，因此拍摄时要注意对这些细节的表现。

戏曲演员在大段演唱时，往往在舞台上有反复的动作表演，这为抓取富有表现力的瞬间提供了较多的机会。有些戏曲中有不少跌打翻腾、筋斗连串、刀枪飞舞的表演，这些动作速度较快，拍摄时，一要注意设置合适的快门速度，二要多拍，将快门速度设置为 1/60 秒或 1/120 秒，可获取虚实结合的表现动作的照片。

三、杂技与曲艺的拍摄特点

杂技是高难度的技巧和优美动作的结合。拍摄杂技时应拍出演员的技巧和优美的造型，通常宜拍全景和中景，从画面上反映出杂技的惊险与高难度。同时，也要注意掌握抓拍时机。

曲艺具有表演人数少、道具简单、随处可演的特点，因此拍摄时要能抓住演员的神态，使用中、近景进行拍摄。

项目二　体 育 摄 影

📷 任务一　体育摄影的快门速度与聚焦

任务导入	在体育摄影中，拍摄对象都是运动中的人物，而且各种体育项目动体运动的速度也不同，拍摄者要根据所要表现的意图选择快门速度。
任务目标	掌握快门速度与聚焦的操作。

一、体育摄影的器材

由于在体育摄影中，拍摄者往往不能充分地接近被拍摄对象。因而，远摄镜头对体育摄影往往是必需的，一支 80～250 mm 左右的变焦镜头是体育摄影的常用镜头，有时也需用一支广角镜头（28 mm）。

由于体育摄影往往需要使用较高的快门速度，加上不少体育项目是在室内进行，光线强度不大，因此感光度要设置为 ISO 400 以上。

二、体育摄影的快门速度与聚焦

1. 体育摄影的快门速度

体育摄影其实就是对动体的拍摄，由于各运动项目的特点不同，因此就要掌握其运动规律，根据表现意图选择快门速度。快门速度的"快""慢""适中"是针对不同的运动项目、不同的表现意图而言的。

（1）快门速度"快"了，产生的动体影像被"凝固"，其优点是动体影像被清晰地记录下来，缺点是影像的动感不足。拍摄动体时的快门速度一般采用 1/500 秒或 1/1000 秒。

（2）快门速度"慢"了，产生的动体影像模糊，其优点是具有强烈的动感，缺点是对动体细节甚至表情、姿势表现不佳。虚糊的动体影像适合于表现高速运动的体育项目。

1/8 秒的快门速度对于拍摄体操运动员来说是慢的，1/60 秒的快门速度对于拍摄飞驰的赛车或百米冲刺来说是慢的。不同的"慢"速度对同一动体产生的虚糊效果也不同。

（3）快门速度"适中"，产生的动体影像虚实结合，动体中动感强烈部位呈虚糊状，其余部位则较清晰，其优点是既能表现出动体的面貌，又能表现出动感。但其动感效果比快门速度"慢"时较不显著，其清晰度比快门速度"快"时较差。

2. 体育摄影的聚焦

由于体育摄影的对象是动体，不允许拍摄者慢慢聚焦，因此必须根据运动项目特

点及表现意图来选择聚焦方法。

（1）定点聚焦法：事先找某一替代物作为聚焦对象，当动体运动到聚集位置时按下快门。用此方法拍摄时一定要全神贯注，否则很容易错过拍摄时机。当然，运用此方法进行拍摄必须保证动体能经过所聚焦的位置。

（2）区域聚焦法：利用超焦距的聚焦方法，也就是确保动体处在景深的范围内即可完成聚焦。运用此方法进行拍摄时，拍摄者必须在拍摄之前先确定景深的范围，分析按下开门的瞬间动体是否在景深范围内，且要注意摄距是否大于超焦距。

（3）跟踪聚焦法：拍摄者跟踪动体进行聚焦。利用此方法进行拍摄时，拍摄者必须很熟悉聚焦环的调节与动体运动快慢的关系。

 任务二　体育项目的拍摄

任务导入　各种体育项目都有各自的特点，要选择最具动作表现力的瞬间拍摄。

任务目标　掌握各种体育项目的拍摄时机。

一、短跑

短跑的起跑姿势健美有力，宜采用低角度、侧方向拍摄。当发令枪一响，运动员冲出，左脚刚蹬离地面的瞬间最具动作的表现力（如图10-2所示）。此时，快门速度宜用1/250秒，且用变焦镜头。终点冲刺也是短跑的精彩瞬间，拍摄运动员压线瞬间时，快门速度宜用1/500秒（如图10-3所示）。

图10-2　起跑瞬间

图 10-3　终点冲刺瞬间

二、接力跑

　　拍摄接力跑时最常拍的是传递接力棒的瞬间，因此拍摄者要了解运动员是左手接棒还是右手接棒，在运动员接棒瞬间按下快门（如图 10-4、图 10-5 所示），快门速度宜用 1/250 秒。

图 10-4　接力瞬间 1

图 10-5　接力瞬间 2

三、跨栏跑

跨栏跑项目中跨栏的瞬间最具表现力（如图 10-6 所示），因此拍摄者要先了解运动员是左脚跨栏还是右脚跨栏，然后再考虑要在左侧拍摄还是在右侧拍摄。拍摄时要采用低角度，且快门速度宜用 1/125 秒或 1/250 秒。

图 10-6　跨栏

四、跳高与撑竿跳高

跳高与撑竿跳高项目中运动员跃过横杆的瞬间最具表现力（如图 10-7 所示）。拍摄点是人与横杆，宜采用仰拍，主要是表现运动员腾空而起时的姿态。拍摄时快门速度宜用 1/250 秒。

图 10-7　跳高

五、跳远与三级跳远

跳远与三级跳远项目中运动员跳起腾空的瞬间最具表现力，尤其在刚刚腾起的瞬间，运动员的姿势最为优美（如图 10-8、图 10-9、图 10-10 所示）。另外，运动员双脚入沙坑的瞬间，沙花四起，也是理想的拍摄对象。拍摄时快门速度宜用 1/250 秒。

六、球类

篮球项目中运动员投篮、封篮、切入球、盖帽、争球等动作，排球项目中运动员传球、扣球、拦网、鱼跃救球或侧倒救球等动作，足球项目中运动员凌空射门、头顶甩球、阻挡拦截、守门员鱼跃扑球等动作，羽毛球项目中运动员扣杀、救球、扑球等动作，这些都是拍摄者喜欢拍摄的对象。拍摄球类项目时，拍摄者要抓住各种球类运动的不同特点，选择其富有独特表现力的瞬间，拍摄时快门速度宜用 1/250 秒。

数码摄影技术（第二版）

图 10-8　跳远与三级跳远 1

图 10-9　跳远与三级跳远 2

134

图 10-10　跳远与三级跳远 3

思考题

1. 舞台灯光有什么特点?

2. 舞台摄影的理想拍摄位置有哪些?

3. 舞台摄影镜头的焦距应如何选择?

4. 快门速度与动体的影像效果的关系是怎样的?

5. 体育摄影的聚焦方法有哪些?

学习情境十一
新闻摄影与广告摄影

项目一　新　闻　摄　影

 任务一　认识新闻摄影

任务导入	新闻报道中常采用照片和文字说明相结合的形式。新闻照片的形式有单幅照片，也有成组照片。
任务目标	理解新闻摄影的定义和报道形式。

一、新闻摄影的定义

新闻摄影是指用摄影手段记录正在发生着的新闻事实或与该新闻相关联的前因后果，结合包含新闻信息的文字说明（包括标题），形象化地报道新闻。新闻摄影的本质特征就是用照片结合文字说明的形式去报道新闻。新闻摄影的内涵是照片和文字说明（包括标题）的有机结合。

这个定义对新闻摄影做出了如下五个方面的规定。

① 新闻摄影的对象——新闻事实。

② 新闻摄影的手段和表现形式——照片和文字说明的结合。

③ 新闻摄影的拍摄要求——正在发生着的新闻事实或与该新闻相关联的前因后果。

④ 新闻摄影的文字说明——包含新闻信息并与照片内容相关联。

⑤ 新闻摄影的基本职能——形象化地报道新闻。

　　在对新闻摄影定义的认识上，存在着另一种影响较为广泛的观点，即新闻摄影就是用照片报道新闻。这种观点的片面性在于只注意到了新闻摄影内涵中的照片，忽视了它的重要组成部分——文字说明。这实质上是把新闻摄影仅仅作为一种摄影形态来看待，而忽视了新闻摄影也是一种新闻形态。

　　新闻摄影的诞生是由于报刊报道新闻的需要，新闻摄影的生存也依赖于报刊的需求。离开了报道新闻，新闻摄影也就失去了存在的价值。因此，认为新闻摄影的基本职能是报道新闻，这并无疑义。那么，新闻摄影究竟是以何种手段来报道新闻的呢？

　　当我们看报刊上的新闻摄影报道时，必定是先看照片，紧接着就会看照片的文字说明，然后又会回到照片上，直到照片和文字说明相结合所报道的这一新闻为我们所了解。例如，一副我们所熟悉的政界人物的互访照片，如果没有文字说明，我们仅看照片也不能确切地知道到底是谁在访问谁。

　　所以，单单用照片是报道不了新闻的。现代新闻摄影报道不仅仅是单纯地提供新闻事实，还需要说明其他更深刻的含义。要做到这一点，单纯的照片，哪怕拍得再好，也是难以做到的。照片与文字说明（包括标题）这两个不可分离的要素构成了新闻摄影的特殊报道形式。

　　因此，新闻摄影记者如果只会拍照片，不会写新闻性文字说明，那是不称职的。认为新闻摄影水平的高低仅仅是拍摄技术的高低，这种想法也是片面的。一名称职的新闻摄影记者必须具备两种能力，即摄影能力和文字能力，这里的文字能力是指结合照片用文字表达新闻的能力。

二、新闻摄影的报道体裁

　　新闻摄影的报道形式是照片和文字说明相结合。照片与文字说明相辅相成，相得益彰，文字说明注释了照片的形象，照片形象又证实和集中了文字说明的内容。提高新闻摄影报道质量，不仅要研究如何拍好照片，而且要研究如何写好照片的文字说明。新闻照片的文字说明随具体报道体裁的变化而有所不同。新闻摄影的报道体裁可分单幅照片与成组照片。

　　1. 单幅照片的报道体裁

　　单幅照片的报道体裁又有配合文字稿和独立报道两种。

　　（1）配合文字稿。配合文字稿的新闻照片常用一幅（有时也用两幅以上）。它不需要单独的照片标题，也不必写出具体的新闻内容，只需简要的文字说明。因为配合文字稿的照片在整则报道中仅起配角作用，处于从属地位，具体的新闻内容由文字稿阐述。

　　照片配合文字稿的报道，其效果总是要胜于单纯的文字报道或单纯的图片报道，其主要原因并不是因为照片美化了版面，而是这种报道形式把文字和照片的长处集于一体。照片能提取新闻事实瞬间的感染力、吸引力，这是文字所做不到的；文字能详尽描述新闻事实，这又是照片所做不到的。对于这种集两者优势于一身的报道形式，

值得我们来研究如何使两者配合得当、融为一体。

（2）独立报道。采用单幅新闻照片独立报道新闻，具有简明扼要、一目了然的特点，犹如文字新闻中的短消息，较受读者欢迎。单幅照片独立报道新闻的文字说明应对应"新闻五要素"（即"何时、何事、何地、是谁、为什么"），达到具体、准确、简要的标准。此外，这种报道一般应加标题，标题要突出新闻内容的要点。

2. 成组照片的报道体裁

（1）专题性成组照片报道。专题性成组照片报道是指围绕同一新闻对象，用两幅以上的照片反映其不同的侧面。拍摄专题性成组照片时要注意画面应有景别的变化。专题性成组照片报道的文字说明要求有标题、总说明和分说明，标题是整组照片所反映的新闻事实或主题思想的提炼；总说明用于交代新闻内容、背景或其意义等；分说明（即每幅照片的说明）对照片起简要的注释作用。三者既要互相联系、照应，又忌彼此重复。

（2）综合性成组照片报道。综合性成组照片报道是围绕一个新闻主题，用若干不同的新闻对象来表现，也就是每幅照片都反映一个独立的新闻内容，由一个相同的中心思想来统一贯穿。这个中心思想或新闻主题常常表现在标题上。综合性成组照片报道一般不用总说明，但每幅照片的文字说明类似独立报道的单幅照片的文字说明。这种综合性成组照片报道在配合形势、政策、重大事件的宣传报道上能给人较深刻的印象。

（3）对比性成组照片报道。新闻照片具有纪实性和文献性的特点，有些资料照片经过若干年后，新闻记者重新就该照片内容进行追踪对比摄影报道，往往能产生较强的报道力量。除了这种"过去与现在"的纵向对比外，也可采用横向对比的成组照片报道，如"好与差"的对比、"喜与忧"的对比，等等。对比性成组照片报道一般也应配有标题，其标题可以较为"文艺化"，当然也可用"新闻化"标题，文字说明的写法也较自由。

 任务二　新闻摄影实践与评价

任务导入	新闻线索源于各行各业，在采访、确定新闻摄影的拍摄对象时，应力求其不但具有新闻价值，而且还具有形象价值。
任务目标	掌握新闻摄影的拍摄手法和评价。

一、新闻摄影的采访与拍摄

新闻摄影的采访是为了了解和确定值得用照片报道的新闻对象，分为拍摄前采访与拍摄后采访。

拍摄前采访是我国新闻摄影前采访的主要方法，这是由我国新闻工作的性质决定的。我们的新闻报道是有指导地进行的。随着形势的发展，我们的新闻报道在不同时期、不同形势下有不同的报道重点，并且有一定的规划。新闻摄影是新闻工作的一部分，理所当然也要遵守规则。这就要求新闻摄影工作者在拍摄前进行采访，去了解并确定拍摄对象。

报社有关编辑有时会直接向新闻摄影工作者交代具体的拍摄对象，报社的文字记者有时也会请新闻摄影工作者去拍摄某些内容。这些对新闻摄影工作者来说是相对容易的，因为在这种情况下，大部分的采访工作是由编辑或文字记者完成的。

新闻摄影工作者的采访能力表现为能否根据政府的方针、政策、当前形势以及新闻单位的报道提示，主动地去采访，主动地去寻找值得拍摄的新闻线索。这就要求新闻摄影工作者具有新闻敏感性。新闻敏感性的培养取决于摄影工作者具备的新闻理论知识和对政府的方针、政策的理解以及对实际情况的了解。这三者是一个有机的整体。

新闻线索或来源于编辑部的报道提示，或来源于各行各业的简报，或来源于领导讲话，或来源于广大读者提供的信息等，无论何种来源，一旦被确定为摄影报道的对象，新闻工作者就应把它的新闻五要素了解清楚，这对如何拍摄好照片以及写好照片的文字说明都很重要。

在采访、确定新闻摄影的拍摄对象时，应力求其不但具有新闻价值，而且还具有形象价值。新闻价值表现在时新性、重要性、显著性、趣味性与接近性上。时新性即所表现的内容是新近发生又是广大读者所不知道的；重要性即所表现的内容是在政治、经济、文化上与广大读者切身利益密切相关的；显著性一般体现在对名人、胜地、要事的动态的报道中；趣味性一般来源于奇闻趣事，富有人情味和生活情趣；接近性体现为地理上、心理上与读者接近。形象价值表现为：该新闻对象具有采用摄影手段表现的生动性；读者对该新闻对象有视觉目睹的欲望，即新闻对象的瞬间形象具有可视性。

拍摄后采访，即到新闻现场先拍摄后采访。尤其是遇到突发性事件时，首要的不是采访而是拍摄，先从各个角度、用各种景别反复拍摄，然后再针对该事件进行采访，了解其原因、后果，弄清新闻"五要素"，最后再确定该事件是否值得报道，该从什么角度去报道。

二、新闻照片的评价

新闻照片的主要功能是形象化地报道新闻。从这一基本观点出发，评价新闻照片的标准应该是新闻价值大小、形象价值大小、是否现场纪实以及文字说明的优劣。

1. 新闻价值大小

新闻照片应该凭什么取胜、凭什么去吸引读者呢？应该是凭新闻价值。由于新闻内容的多样性与广泛性，对新闻照片新闻价值的评价宜分类进行。例如，一年一度的荷兰"世界新闻摄影比赛"把新闻照片分为突发性新闻、新闻特定、新闻人物、日常生活、快乐事件、艺术与科学、体育与自然等类别进行评比。我国的新闻照片评比往往分类为政治、农村、工交财贸、文化、科研、卫生、军事、体育、精神文明、新闻

人物、日常生活、批评性新闻照片和自然界，等等。

一幅新闻照片，如果其新闻价值很小或没有新闻价值，那么，不管它的构图多么完美，形象多么生动，影像质量多么高，也不能称为优秀的新闻照片。

2. 形象价值大小

新闻的形象价值是指新闻内容形象的可视性和瞬间性的价值。无疑，任何新闻照片都具有可视性和瞬间性，但是，其可视性有强有弱，瞬间性有好有差。

如何评价新闻照片可视性的强弱呢？一幅新闻照片反映了广大读者强烈地想看的形象，那么这幅照片的可视性就强；反之，它的可视性就弱。

如何评价新闻照片瞬间性的好与差呢？照片反映的总是某一瞬间形象。任何一则新闻都有发生、发展直至完结的过程，即存在很多不同的瞬间形象。那些表现力、吸引力、感染力强的瞬间形象就是"瞬间性好"；反之，则是"瞬间性差"。

简而言之，新闻照片的形象价值评价标准中，可视性解决想不想看的问题，瞬间性解决耐不耐看的问题。让人想看且又耐看的新闻照片，其形象价值就大；反之，其形象价值就小。

一幅新闻照片，如果其新闻内容的价值很大，但缺乏形象价值的话，也不能称为优秀的新闻照片。

3. 是否现场纪实

新闻照片的现场纪实是指选择拍摄正在发生着的新闻对象的瞬间形象，即新闻照片中的人、事、时间、地点、场景都是客观实际的反映，而不是违背客观存在，按拍摄者的主观意图，为使画面"理想化"而对新闻照片中的人、事、物、时间、地点、场景等作这样或那样的变动后再拍摄。这种主观变动会因情况不同而在不同程度上损害乃至失去新闻照片的真实性，会导致新闻照片出现部分虚假现象，甚至变为假新闻照片。人们常说新闻照片具有见证性、文献性，就是鉴于它是客观的纪实。

无论从现实的角度还是从历史的角度，都要求新闻照片必须是纪实的。违反了纪实性原则的新闻照片，不论其有多大的"新闻价值"和"形象价值"，也不能称为优秀的新闻照片。

4. 文字说明的优劣

评价新闻照片时，应同时重视对照片的文字说明（包括标题）的评价。

一幅艺术照片离开了标题，仍能给人以美的享受、善的教益，而新闻照片离开了文字说明，就会丧失它的主要功能——报道新闻。文字说明对新闻照片的重要性还表现为：对于同一照片，从不同角度附以不同的文字说明，能向读者传达不同的新闻信息。新闻照片的文字说明既要准确无误，又要恰到好处。所谓恰到好处，就是使文字说明（包括标题）与照片的配合相辅相成，相得益彰。

项目二　广　告　摄　影

任务一　认识广告摄影

任务导入	广告摄影作品必须能吸引人的眼球，因为其最终目的在于推销某种商品或引导人们去做某件事情，这就要求拍摄者去构思、去设计、去创作。
任务目标	掌握广告摄影设备的选择与拍摄要求。

广告摄影作品必须能吸引人的眼球，这就要求拍摄者对所要拍摄的画面进行设计。另外，利用现代化的摄影手段，可以创作出逼真与奇幻相结合的新颖画面，对人的视觉具有极大的吸引力。因此，广告摄影已被运用于各种广告媒介，对各种产品进行广告宣传，如报刊、电视、广告栏、广告灯箱、商品橱窗、产品目录、产品包装等。广告摄影已成为广告宣传中不可缺少的重要手段。

一、广告摄影的目的与要求

摄影与艺术有着密切的联系，因此一幅优秀的广告摄影作品往往也是优秀的艺术摄影作品。但是，广告摄影毕竟不同于艺术摄影。广告摄影的最终目的在于推销，即推销某种商品或引导人们去做某件事情。如广告摄影作品能刺激人们去购买广告照片所表现的物品，能吸引人们去参加某项商业性娱乐文体活动等，这样的广告摄影作品才是成功的。

广告摄影作品应具有以下特征。第一，广告摄影作品应该具有强烈的视觉吸引力，要能够吸引观众的目光。很明显，不能吸引观众的广告摄影作品无疑是失败的。第二，广告摄影作品的表现手法应该能使观众理解其推销意图。这也就意味着广告摄影是一种图解性摄影。如果一幅广告摄影作品吸引了观众的视线，而观众在欣赏这幅作品之后，不能明了其中的推销意图，这样的广告摄影作品，即使艺术性再高，也是属于失败的广告摄影作品。第三，广告摄影作品要使观众产生购买商品或参与活动的欲望。当观众理解了照片的推销意图并产生了购买欲望，这样的广告摄影作品就成功了。成功的广告摄影作品往往能使观众从照片上看到所推销对象的主要优点，如吸引人的特性、外观，拥有它所能带来的直接、间接的好处、效益，或比其他同类产品的优越之处等（如图11-1所示）。

广告摄影有时是由拍摄者负责全部广告内容，即对于如何表现、怎样拍摄等艺术和技术上的要求，完全由拍摄者去构思、去设计、去创作；有时则是由美工人员画出草图，要求拍摄者按照草图的模式去组织拍摄。相比之下，前者对拍摄者的要

求更高些，不仅要具有熟练的摄影技术，还要具有从广告角度进行摄影构思、创作的能力。

图 11-1 好好吃哦

进行广告摄影的创作、构思时，首先要明确拍摄对象的定位，是要拍摄产品投入期的开拓型广告，还是产品成长期的竞争型广告，或是产品成熟期的巩固型广告，或产品更新换代期的衔接型广告。定位不同，摄影表现的侧重点就应有所不同。有时以创名牌、树企业形象为主；有时以突出产品的特点、优点为主；有时以突出产品已具有的信誉为主；有时又以突出新型号、新功能为主。

明确了定位的总体思想，在着手拍摄前，拍摄者通常还有两项很重要的前期准备工作：一是研究产品的特征、用途与功能，以便确定摄影构思、表现角度与表现风格；二是根据最终展示的形式拟定该广告摄影作品的草图。这样既有利于确定照片长宽比例的画幅，以避免后期设计的剪裁困难；又可明确广告摄影作品中所需的文字位置，便于在取景构图时留有必要的空白部位。

广告摄影的构思还应考虑广告画面情节的安排，如主体与陪体、人物与道具、前景和背景、基调与影调等的选择与安排。画面情节既要动人，又要具有可信度，合情合理。

二、广告摄影的器材设备

由于广告摄影的对象包罗万象，因此，拍摄不同对象时或采用不同拍摄技巧时，对器材的需求也会有较大的不同。以下仅就广告摄影中常用的照相机与镜头、灯光以及摄影台做简要介绍。

1. 照相机与镜头的选择

一般来说，用于广告摄影的相机在画幅尺寸上应选大一些的。因为广告照片通常要求具有极高的清晰度、逼真的质感、丰富的层次和细腻的颗粒等，画幅越大的照片越容易达到这样的要求。而且，广告摄影照片往往还需要进行修改或特技处理，而画幅大的照片便于进行这类处理。因此，专业广告摄影师偏爱选择较大的画幅尺寸。

一般来说，像素较高的单镜头反光型数码相机常用来作为拍摄广告的相机，因为这种相机便于在拍摄时选择较大的画幅尺寸，同时可根据不同的需要更换不同焦距的镜头。因此，广告摄影师应该了解各种镜头的成像特性，选择好所需要的镜头。

2. 光源

摄影的两大类光源——自然光和人造光广泛应用于广告摄影中。由于广告摄影比较重视用光效果，因而便于拍摄者灵活布光的人造光在广告摄影中就得到了更多的应用。

广告摄影中常用的人造光有白炽灯和闪光灯两大类。白炽灯是连续发光的光源，有利于在拍摄时观察布光效果。白炽灯中又有聚光灯和散光灯两类：前者发出的光线强度大，光束狭窄，具有明显的方向性；后者发光强度相对较弱，光束宽广，方向性不强。

为满足灵活布光的需要和控制光的射向，不同的光源又有一系列光源附件可供选择。这些附件对取得理想的用光效果十分有效。常用的光源附件有反光罩、挡光板、遮光活门、反光板、柔光屏等。

（1）反光罩。其作用是把光线向前反射，形成均匀的散射式照明。反光罩直径越大、越靠近主体时，光线的发散性也越强。反光罩反射面的种类也明显影响反射光的光质。

（2）挡光板。用于控制光照的范围。挡光板通常用黑色吸光材料制成，置于光源前方来控制光照范围。

（3）遮光活门。其作用类似挡光板，通常是装在灯具上的。通过调节活门的上、下、左、右的角度来控制光照范围。

（4）反光板。其作用是把光源的部分光线反射到被摄体的某些部位，以调节反差效果或强化被摄体某些部位的再现效果。反光板通常用银锡纸、铅箔或白卡纸制成。

（5）柔光屏。其作用是把光线进一步散射和柔化，以取得十分柔和或无投影的照明效果。柔光效果在广告摄影中运用十分广泛。柔光屏通常用乳白色塑料膜或白色半透明描图纸等制成。

（6）反光伞。反光伞通常配合闪光灯使用，其作用是把闪光灯的"硬"光变成柔和的漫射光。

3. 摄影台

摄影台也是广告摄影的常用设备。摄影台不同于普通的桌子，具体要求应根据经常性的拍摄内容进行设计。一般要求摄影台的设计类似一只大靠背椅子。"台面"与"靠背"用整块面料连成一体。在"台面"与"靠背"交界处应使面料成一定的弧度。这种弧度的大小又是可以灵活调节的。这样设计有两个好处：一是不会在背景上产生

明显的水平、垂直分界线；二是便于运用灯光来营造渐变的背景效果。

连接"台面"与"靠背"的面料应设计成可更换式的，以便根据拍摄对象的不同需要，灵活更换不同色彩、不同图案的背景与不同的"台面"色彩。我们也可将这种摄影台设计成"台面"采用半透明玻璃或塑料布的"亮桌"，以便于从"台面"下方向"台面"的被摄物打光。这种"亮桌"常用于玻璃制品的广告拍摄。

 任务二　广告摄影常见题材的拍摄

任务导入	不同的广告题材，其拍摄方法是不一样的。拍摄者应熟悉商品的特点，明确广告目的，选择适合的拍摄方法。
任务目标	掌握各种广告题材的拍摄要点。

一、玻璃器皿拍摄要点

玻璃器皿（包括透明状塑料制品）具有晶莹透亮的特征。拍摄玻璃器皿时既可选择深色背景，让被摄体由浅色轮廓线勾画，也可选择浅色背景，让被摄体由深色轮廓线勾画。

1. 选用深色背景的用光方法

选用深色背景时，用光方法有以下几种。

方法一：用两只等距的散光灯作为侧逆光照明，这种用光要求背景距物品稍远些。

方法二：用两只聚光灯照射背景前方两侧的反光板。反光板应处于镜头视角之外，由反光板的反光从侧后方照射玻璃器皿。如果想使用有色照明，这种方法较方便。当然也可以使用有色反光板或在聚光灯前加有色滤光片。

方法三：用浅色背景来产生深色背景效果，即使用两只窄光束聚光灯照射在浅色背景上，让背景被照亮的光斑所产生的反射光去照射被摄体，这时由于被摄体正后方的背景上没有受到光线照射，故在照片上会呈深色调。

方法四：利用灯光台（即"亮桌"）拍摄时，从磨砂玻璃"台面"下方朝"台面"上的玻璃器皿打光。

2. 选用浅色背景的用光方法

采用聚光灯的圆形光束照射浅色背景（不能直接照射被摄体），让背景的反射光照亮玻璃器皿，这样，玻璃器皿就会产生深色轮廓线，这是由于玻璃边缘对光的折射而引起的。玻璃器皿的玻璃越厚，这种深色轮廓线也就越粗。

被摄玻璃器皿的照明光线全部来自背景时，玻璃器皿的边缘会在浅色背景中显现。聚光灯光区的大小应根据需要作相应调整。光区相对于镜头的角度越大，物体的深色轮廓线越不明显。

拍摄玻璃器皿时宜采用入射光测光法（或采用灰卡代测法）的读数作为曝光基准

数据；宜用长焦镜头，以消除透视变形的影响；用 90% 的酒精清洁玻璃器皿的表面（透明塑料制品可用纯棉手套慢慢擦拭干净），可防止手指印或灰尘污染玻璃表面而影响拍摄效果。

二、瓷器拍摄要点

拍摄瓷器（包括半透明塑料制品）时，在用光上一般不宜采用直接光照明，否则易产生刺眼的反光点。同时，布光时灯位也不宜过多，否则易产生杂乱的投影。

如果选用一只灯照明，宜用柔和的散光来照射瓷器，只要在照明灯前方约 50cm 处，竖一张白色半透明纸，就足以使光线柔和；也可以使光源照向某一反射物（如反光板），用反射光来照射瓷器。

如果选用两只灯照明，可采用正面光与逆光或侧逆光相结合的用光方法。这时要注意两者应有足够的光比。一般来说，拍摄半透明性强的瓷器，宜以逆光或侧逆光为主；拍摄半透明性弱和不透明的瓷器，宜以正面光为主。要注意：防止正面光与逆光或侧逆光的照明度相等，否则被摄瓷器的立体感和质感就显示不出来。

拍摄瓷器餐具、茶具等组合瓷器时，应精心考虑布局。例如，可以使一部分物品水平放置，另一部分物品垂直放置，以充分表现其造型和质感为基本目的。布局时，有时可以表现每一餐具、茶具的形态为主；有时可以表现其在桌上、台上的组合总体感为主。力求和谐统一是布局的基本要求。

三、金属制品拍摄要点

表面光泽不同的金属制品在拍摄时对用光有不同的要求。对于无光泽的金属制品，可采用集光灯直接照射，并用反光板或散光灯作辅光，以减轻由主光产生的阴影（如图 11-2 所示）。

图 11-2　金属制品的拍摄

对于表面有光泽、明亮的金属制品，须以白色反光板或大面积散光屏产生的间接散射光为主要照明，并用一只小功率集光灯直接照射被摄体，以产生表现金属表面质感的"高光"部。

四、首饰拍摄要点

首饰拍摄有两种基本方式：由模特儿戴着首饰拍摄或把首饰单独放置拍摄。

采用由模特儿戴着首饰的拍摄方法时，首先要注意模特儿的选择。例如，拍摄戒指，模特儿的手指应纤细、柔软，富有女性美。因为首饰是主要被摄体，拍摄者应该注意运用摄影技术手段来突出首饰。例如，将照明集中于首饰而让其他部分处于稍暗状态；又如，用长焦镜头和大光圈缩小景深，使首饰处于最佳清晰度的位置；再如，采取近摄，使首饰醒目突出，成为画面的中心，等等。总之，应使观众在欣赏广告照片时，能把注意力集中在首饰上，而不是集中在模特儿的美貌上。

把首饰单独放置拍摄时，可采用背面或正面幻灯技术。例如，用焰火、晶体的光芒、闪耀的星空作为背景，为首饰增添奇幻的、超现实的效果；把首饰置于绸缎或丝绒上拍摄，也有利于突出首饰的形状与立体感，但要注意这种用作背景的丝绒或绸缎在色彩上应与首饰既有鲜明的色对比，又呈理想的色和谐；对于透明晶莹的首饰，可以把它放在挖有与首饰同样大小孔洞的卡纸上，光源从下方朝上打光，使首饰呈现出光芒夺目的效果。

光芒镜、彩虹镜、星光镜等是常用于首饰拍摄的滤镜。

通常，首饰在画面上所占比例较小，因此在构图时，拍摄者应尽量把首饰放在视觉重点的位置，以便于吸引观众的视线。

五、时装拍摄要点

用于广告目的的时装摄影如同其他广告摄影一样，要求摄影者表现出时装最能吸引人的那些特点，使观众看了时装广告照片后会产生购买的欲望。

开始从事时装摄影时，收集大量时装照片是十分有益的。分析、研究别人是如何拍摄时装的，如"背景运用""灯光运用""各种姿势""单人""双人""多人"，等等。这种学习方式对我们拍摄时装会有较大的启发。但是也要注意，学习别人作品的目的是借鉴，而不是"临摹"，在借鉴的基础上还需有自己的创新。

时装摄影对照相机、灯光室和照明设备的一般要求分别如下。

（1）照相机。一般单镜头反光型数码相机均能用于时装摄影。使用单镜头反光型数码相机时，镜头焦距宜选择 35 ～ 135 mm。无论是配备 35 ～ 70 mm 加上 70 ～ 150 mm 两支变焦镜头，还是配备 35 ～ 135 mm 一只变焦镜头，均能满足需要。这些镜头焦距的范围几乎能满足各种时装拍摄的需要。

（2）灯光室。许多时装照片是在室内拍摄的。因此，灯光室对时装摄影是十分必要的。灯光室的长度不应小于 6m，以便使用中焦镜头；高度不应低于 2m，以便高角度布光或拍摄。灯光室的墙壁应是白色的，例如，可以使用没有光泽、不会产生光斑的白色塑料板从地面铺起，一直铺上墙壁，形成一种无接缝的背景，这对时装摄影是十分理想的。

（3）照明设备。时装摄影最好配备两套照明设备：一套是闪光灯照明设备（配有造型灯和反光伞），另一套是白炽灯照明设备。电子闪光灯轻便、灵活，光的强度大，便于捕捉模特儿的动态。但是，当追求多种用光效果时，闪光灯不如白炽灯。使用白炽灯便于控制用光造型效果。但是，当采用动态拍摄时白炽灯又不如闪光灯。小型灯光室常用的白炽灯是 1000 W 和 500 W 的：把 1000 W 的灯泡装在半反射光罩上作为主光，500 W 的带有小反光罩的灯泡作为辅光，再配备 1～2 只 500 W 的聚光灯用于其他造型。

要拍好时装照片，时装模特儿的选择也十分重要，应选择适宜要拍摄的时装款式的模特儿，而不宜一味以貌取人。模特儿的气质、年龄、体型对时装摄影往往更为重要。不同的女模特儿有不同的气质，如迷人、文雅、纯真、活泼，等等；不同的男模特儿也是如此，如健壮、粗犷、英俊、潇洒，等等。

拍摄时，拍摄者应与模特儿随意交谈，使其放松，不要使用命令性的语言，如"自然点""笑一点"等，而应注意采用引导的办法，让模特儿自由发挥。模特儿的良好合作对于拍摄出好的时装照片是十分重要的。

时装照片应该准确、逼真地再现时装面料的纹理、质感、亮度、图案和色彩，所以用光方法十分重要，各种时装面料的用光要点如下。

（1）纹理明显的面料。拍摄纹理明显的面料时宜用集光斜射的光作为主光，这样有助于质感的表现。同时还要用散射光作为辅助光，把阴影部照亮些，以取得柔和、悦目的效果。

（2）丝绸、绸缎面料。为了表现出丝绸、绸缎的闪光和耀眼的反光特征，宜采用强度较低的定向光源作为主光。此外，再用 2～3 只散光灯作为辅助光，以减小反差，使画面呈现柔和的效果。

（3）印花面料。要想表现出印花面料上的花纹图案，通常采用较平的均匀照明（可从两侧 45°方位照明）。使用黑白片拍摄印花面料时，要注意滤镜的使用，防止原本对比醒目的色彩在黑白照片上产生反差过小的不良效果。

（4）纱类面料。拍摄纱类面料的时装时，宜采用逆光并辅以正面光，掌握好光比，以准确再现纱类面料的透明感为目的。拍摄纱类裙装时，可借助电风扇来取得飘逸的效果。

（5）毛皮面料。拍摄毛皮服装较难取得好的效果，因为高档毛皮与低档毛皮的差异，在照片上往往难以区分。拍摄黑色毛皮服装时，要注意使用丰富的照明，除使用

一两只聚光灯外，还宜使用多只散光灯；曝光要充足，否则无法再现皮毛的质感与细节。与黑色毛皮服装相比，浅色或中间灰调毛皮时装，更容易拍摄出好的效果。

思考题

1. 新闻摄影的定义是什么？
2. 新闻摄影有几种报道体裁？
3. 如何进行新闻摄影的采访与拍摄？
4. 评价新闻照片的一般标准是什么？
5. 广告摄影的目的是什么？
6. 广告摄影中如何选择镜头？

学习情境十二
写真摄影与主题摄影

项目一　写　真　摄　影

 任务一　认识写真

任务导入	写真就是真实地反映被拍摄者生活的照片。
任务目标	理解拍摄写真的注意事项。

一、写真的含义

写真，本义是画人物的肖像，它是中国肖像画的传统名称。绘写人像要求形神肖似，所以叫作写真。中国古代画论中的写真指的是写物象之真，也就是说画画的时候力求表现物象的真实面貌，不管是山水画还是人物画，都要达到"真"的画境。

在现实生活中，由于工作、生活的压力，我们经常忘记要给自己一片空间，既欣赏不到自己的美，也不去展示自己的美。我们平时所说的美就是一个人从形体和容貌上所表现出的个人特点。对于男人的美往往评价为帅，对于女人的美评价为漂亮。但是我们忽略了个性差异，就感觉个人写真应该属于那些帅气、漂亮的人，属于电影明星。实际上，真正意义上的写真就是真实地反映自己在真实生活中的样子。

二、拍摄个人写真的注意事项

好的个人写真既要有艺术性，又要有思想性，归根到底是人物传神、生动且富有感染力。如果想拍出个性的个人写真作品，拍摄者就需要花时间和被拍摄者沟通，了解其个性特征。每个人都有自己独特的生活经历，有着不同的理想，对世界有着不一

样的认识以及独有的性格，只有在这些方面更多地了解被拍摄者，并在拍摄前精心准备，才可能拍摄出真正有个性的写真作品。

任务二　写真的拍摄技巧

任务导入	写真的主角不同，拍摄的写真风格也不同，拍摄者要先与主角沟通，了解其想法，提出拍摄思路。
任务目标	掌握不同写真风格的拍摄技巧。

一、如何拍摄个人写真

1. 个人写真造型摆设

拍摄个人写真时造型是极其重要的。女性展现出其富于魅力的曲线时，头部和身体忌成一条直线，两者若成一条直线，会让人感觉呆板；双臂和双腿忌平行，无论是坐姿或是站姿，千万不要让双臂或双腿呈平行状，因为这样会给人以僵硬、机械之感；另外还应注意手的摆放，手在画面中的比例不大，但若摆放不当，将会破坏画面的整体美。拍摄时拍摄者要注意手部在画面中的完整，不要使其产生变形、折断、残缺的感觉。

2. 影调营造气氛

影调是摄影术语，是指影像明暗变化的阶调。利用光影变化而构成的画面更具有一种音乐般的视觉上的节奏与韵律，所以，对摄影作品而言，影调又称为照片的基调或调子。

高影调照片能给人轻盈、纯洁、优美、明快、清秀、宁静、淡雅和舒畅的感觉。高影调照片的基调绝大部分是以白和浅灰为主，黑灰色极少，整个画面的色调比较简洁明朗。高影调照片分为软高调和硬高调两种：软高调照片上的色调差距很小，可以细致地表现被拍摄对象的层次结构；硬高调的照片色调很少，几乎只是用线条勾勒出轮廓。

在拍摄高影调照片时光线要柔和、匀称，一般多使用顺光，这样可获得反差平淡的效果。拍摄人像时，被拍摄者要穿白色或其他浅色衣服，拍摄自然景物时也要选取浅色调的景物，主体和陪体的色调应尽量接近，背景要选取白色调或浅灰色调，面部光比不要超过 1∶2。

低影调照片给人神秘、肃穆、忧郁、含蓄、深沉、稳重、粗犷、倔强的感觉。对比强烈（反差大）的画面，往往给人一种生机、力量、兴奋之感；对比平淡（反差小）的画面，往往给人一种凄凉、压抑、朴素之感。低影调照片的整个画面影调浓重深沉，但其中最好要有白色调。这个白色调即使面积很小，但能使整个画面具有生机。低影调照片的画面基调，绝大部分是以深灰、浅黑、黑色为主，浅色占的面积很小，整个画面的色调比较浓重深沉。

在拍摄低影调照片时要使用侧光或半逆光，要选择暗背景。拍摄人像时，人物服装的色调要比较深。拍摄低影调的自然景物时，也需要选择深色的景物。陪体的色调也要比较深，并且与主体的色调相协调。感光要充足，以保证阴影部分有足够的层次。低影调照片的画面中色调之间对比不大，它是以接近的色调和细致的纹理来表现被摄对象的层次和质感的。软低调的光比多控制在 1 ：4；硬低调的明暗对比强烈，光比多控制在 1 ：8。

二、几种写真的拍摄技巧

1. 头像特写拍摄技巧

表现人物肩部以上的头像或某些被摄对象细节的画面时，应以最简单的构图方式去拍摄人物，只要求被摄者有表情并对着镜头就可以了；也可以只表现人物脸部的一个局部，以突出所要表达的细节。在拍摄特写画面时，构图应力求饱满，对形象的处理原则是宁大勿小，空间范围宁小勿空。通过特写，可以表现人物瞬间的表情，展现人物的内心世界（如图 12-1 所示）。

图 12-1 头像特写

在拍摄特写镜头的时候，为了不让画面显得太过单调，需要对其稍作修饰，如可以利用花卉、草木作为构图的一部分。这时需要注意，花卉草木的颜色要和整个画面相协调；也可以尝试把手的造型作为构图的元素加入画面中，这时要尽量避免构图时出现“切手腕”“切胳膊肘”的情况，同时要使手尽量侧对着镜头，这样看上去会更秀气一些。拍摄的时候用顺光或逆光加反光板补光，即能取得好的效果。

2. 半身像拍摄技巧

在人像摄影中拍摄概率最高的就属半身像了。正面直角度大半身人像，多采用竖画幅构图。拍摄时，较难掌控的是背景。如果用彩色模式拍摄，一定要做到背景简单，即尽量让背景的线条或色彩简单化。这时往往考验摄影师寻找背景的能力，如果实在

找不到合适的背景，那么就开大光圈，这是一个折中的办法。

在构图时，把主体安排在对角线上，能有效地利用画面对角线的长度。对角线构图是人像摄影中最常用的构图方式，这种构图方式能让本来平淡的照片看起来更富于动感，显得活泼，容易产生线条的汇聚趋势，吸引人的视线，达到突出主体的效果。

同样是对角线构图，拍摄时变换一下拍摄视角，视觉上立刻与上一张照片有所不同。切合主题的道具也必不可少，在构图上起到点睛之笔的作用（如图12-2、图12-3所示）。

图 12-2　淑女

图 12-3　童真

3. 全身像拍摄技巧

好的人像摄影是景物与人的完美结合。所以，我们在拍摄人像的时候，眼睛不能只盯着人看，还需要寻找景物，在大脑里构造各种人与景的组合。任何单一的人或景都难以成就一幅成功的作品。另外，还需处理好色彩的和谐，使整个画面充满活力。

在拍摄过程中，照片的主体与背景存在太多的变化，但只要运用好角度、光线，其中的规律是非常简单的：一是要选择构图角度，从而调整光线的角度，找出明与暗的对比关系，不论在何种拍摄情况下，主体与背景的明暗关系始终存在，控制和运用好这种对比关系，会起到突出表现意图的作用；二是要从画面构成的角度来做文章，利用简与繁的对比关系，用环境突出主体，烘托主体（如图12-4所示）。

图12-4　"留洋"归来

要营造画面的空间感，其中最重要的是对背景的控制。拍摄时如果选择过于杂乱的背景会使整个画面失去重点。因此，我们在构图时要做适当的取舍，使画面有疏有密。为了更突出空间的感觉，拍摄时除了画面的构图外，也要注意其中人与物的结合，用动作方面的创造抓住视觉的重点。

画面中的景物要有呼应。主体与背景之间、主体与客体之间要有联系，不能孤立。环境能突出意境，不要总局限于半身像或特写的拍摄，关注环境或取景的时候容纳环境，往往能突出画面的意境。

还有一点需要我们注意：并非只有简洁纯净的背景才能将主体突出。背景的色块和线条往往可以达到均衡画面元素以及导引视点的作用。有时候，我们利用线条色块的透视导引，可将观众的视点集中到主体上，且不会造成视觉混乱。

项目二　主题摄影

 任务一　主题摄影的含义与选景

任务导入	主题摄影是"命题作文"，即根据一个特定的题材确定使用的服装、道具、灯光、背景等，最终完成一个符合"命题"的作品。
任务目标	理解主题摄影的含义和选择背景的要点。

一、主题摄影的含义

主题摄影是指围绕某个特定的主题而展开的摄影创作。主题是作品的灵魂，如果没有主题或主题不鲜明，这幅作品就不属于好作品。

主题摄影与非主题摄影是相对应的，下面我们以婚纱摄影为例进行说明。

传统的婚纱摄影是非主题摄影，拍摄手法单调，场景布置简单，拍摄过程没有太多讲究，摆几个固定的姿势，按下快门完事，后期制作也只是简单地做一下人像处理，与一般的生活照的唯一区别就是服装不同。当然对于即将结婚的新人来说，这是不可以接受的，于是就诞生了非常受欢迎的主题摄影：即确定一个浪漫的基调，比如北欧风情、橙子香水、幸福花园等，就好像写一篇长篇小说前需要明确一条贯穿全文的线索一样，这就是主题。确定了主题后，这个主题会一直穿插在整个拍摄的过程中，拍摄地点、特殊的场景、特殊造型等都要符合主题，后期制作人员也会根据主题做相应的照片渲染。

所以，我们可以这样理解：主题摄影是"命题作文"，即根据一个特定的题材决定使用的服装、道具、灯光、背景等，最终完成一个符合"命题"的作品。

二、主题摄影选择背景的要点

我们常常可以从摄影作品中看到，作为环境的组成部分，背景对拍摄主体、情节起着烘托作用，加强了主题思想的表现力。

一切造型艺术家都很重视背景的作用，雕塑、绘画、建筑等艺术都非常重视背景对主体的烘托。黑格尔在《美学》中说过，艺术家不应该先把雕刻作品完全雕好，然后再考虑把它摆在什么地方，而是在构思时就要联系到一定的外在世界和它的空间形式及地方部位。

背景对一副摄影作品的成败起着举足轻重的作用，所以背景的处理是摄影构图中的一个重要环节，只有在拍摄前细心选择，才能使画面内容精练准确，使视觉形象得到完美表现。我们在进行主题摄影时，应做到通过人物与背景的相互关系表现主题，揭示人物的内心世界。在选择背景时要特别注意以下三点。

1. 抓住主题特征

从主题摄影的实践来看，背景的选择是多种多样的，有平面的，也有立体的；有室内的，也有外景的；有竖幅的，也有宽幅的。如何借助背景刻画主题，最关键的一点是要对主题有全面而深入的了解，抓住主题的特征。根据主题风格、定位、表达感情的不同，拍摄者在选择背景时应根据具体的情况予以合理的取舍。

2. 力求简洁

背景的处理要力求简洁。摄影创作过程中很重要的一项工作就是要将背景中可有可无的、妨碍突出主题的东西"删"掉，以最大限度地提炼主题，达到画面的简洁精练。

3. 要有色调对比

背景要力求与主体形成色调上的对比，使主体更加具有立体感、空间感和清晰的轮廓线条，从而加强视觉上的表现力。

处理轮廓形状的一般法则：暗的主体衬在亮的背景上；亮的主体衬在暗的背景上；亮的或暗的主体衬在中性灰的背景上；主体亮，背景亮，中间要有暗的轮廓线；主体暗，背景暗，中间要有亮的轮廓线。因为摄影是平面的造型艺术，如果没有色调上的对比以间隔主体形象，主体就很容易和背景融成一片，就难以被识别出来。所以，有人把画面色调的对比比作运载手段，有了它，画面形象才会凸显出来。

 任务二　主题摄影的种类

任务导入	主题摄影就是以某个内容为主题而拍摄的照片，包括单幅照和组照，并配有简洁的组照文风。
任务目标	掌握单幅照与组照的拍摄方法和技巧。

一、主题单幅照

主题单幅照是指用一幅照片并配上文字说明来表述一个内容或反映一件事情。如图 12-5 所示，新冠病毒疫情期间，学校持续优化疫情防控措施，师生在食堂用餐自觉遵守"一米线"，做好校园疫情防控措施。

图 12-5　食堂"一米线"　就餐好防线

二、主题组照

主题组照是指将多幅照片组合起来表达一个主题。它既不是简单的罗列、重复，也不是缺乏逻辑的贯穿。因此，我们在组织主题组照的时候，首先要明确我们要表达什么，要通过这个组照说明什么。

（一）拍摄主题组照的基本要求

1. 明确照片之间的内在逻辑关系

照片之间的内在逻关系主要是情节逻辑和视觉逻辑。这是由不同形式的组照提出的不同逻辑要求。如果是重在再现客观世界的纪实组照，就需要用照片的不同内容把事物发展的情节逻辑体现出来；如果是重在表现主观世界的艺术组照，则侧重于通过视觉逻辑完整地体现创作思维上的逻辑进程，即按照每张照片的画面或意境特征，进行有序的排列，使作品犹如在委婉倾诉，引起观赏者的共鸣。不论是按照哪种逻辑关系进行组照创作，关键的一点是能将这种逻辑脉络清晰地体现在作品中。

2. 注重简洁的组照文风

简洁是一个普遍的美学要求，冗长拖沓的文风无论在文学、音乐或其他艺术门类的创作中都不会受欢迎，组照也是如此。能用四幅照片说明主题就不用五幅，以能阐明主题为原则，不可拖泥带水。简洁不仅要体现在篇幅上，还应体现在取景环节，在选取画面时，切忌内容重复。

3. 重视视觉效果的表现

从视觉效果看，照片的每幅构图也不宜雷同，切忌勉强拼凑。艺术组照特别强调格调统一，强调各幅照片之间的和谐，其美学基点就是"和谐即是美"。这里视觉平衡和视觉节奏就成为组图视觉效果的两个基本支撑点。视觉平衡是以视觉中心为支点的视觉意义上的力度平衡。不同形状、不同颜色、不同网纹、不同大小、不同位置，在视觉场中产生的力也是不相同的。视觉节奏作为一种形式的审美要素，不仅能提高人们的视觉兴趣，而且在形式结构上也利于视线的运动。在视觉平衡方面，既要保证各幅照片在本组照片中的构成关系合理、和谐，也要保证各幅独立照片的视觉平衡。因此，在对各幅照片进行选择时，并不是强调要最好看的照片，而是选择形式与形状更适应组照版面需要的照片，有时就必须忍痛割爱了。另外，在选择照片时还需要考虑色彩、内容、形式等因素，以便于控制视觉节奏，强化整体效果。

4. 重视叙述的完整性

在注重简洁的前提下，不论是纪实组照还是艺术组照，对客观事物的叙述或主观思想的表达必须完整流畅。组照中的每幅照片应各表达主题的一个侧面，彼此之间应建立起明确的呼应。

（二）如何提高主题组照的质量

我们在组织主题组照的时候，不能像对单幅照片那样要求百里挑一，当组照的每张单幅照片都是精品的时候也就没了精品，因此我们对组照中的每张照片的基本要求就是：按照大众审美普遍要求的清晰通透、布局合理、情节生动为先期要求，以各幅照片能在整个组照里担当起一个紧密的连接作用为关键。如果每个环节都能达到这个要求，那么这个组照的逻辑或条理也就严密了。

为了提高主题组照的质量，我们应做到以下几点。

（1）投入更多的精力对照片进行整理。

（2）选择更精确的拍摄切入点。

（3）养成更扎实的工作作风。组照的拍摄与单幅照的拍摄有很大的区别，需要进行长期且大量的拍摄，所以更考验拍摄者吃苦耐劳的精神。

（4）使作品有更丰富的信息含量。组照的信息含量决定了组照生命力的强弱。依靠拍摄者的发掘提炼，组照讲述着事物本质的情节和细节，向人们提供了单幅照片力所难及的信息含量。

（5）更广泛的阅读参照。要做好组照，个人的日常阅读不可或缺。阅读的过程是对各种表达逻辑和节奏的学习，这些表达逻辑和节奏存在于许多载体中，如文章、诗歌、书法、音乐等，因此我们平时阅读的对象并不需要局限在组照上面。

（三）主题组照示例

进行主题组照摄影创作时，可以先定拍摄地点，再定主题，如选择学校为拍摄地点，可拍"校园风光"，也可以拍"学生生活""学生课外活动"等；也可以先定主题，再定拍摄地点和内容。

1. 先定拍摄地点，再定主题

先定拍摄地点，再定主题的拍摄主要是针对某个街区、某个单位或某个家庭的拍摄，在现场摄影大赛中也经常看到。如"第三届海峡两岸大学生职业技能大赛摄影技能比赛"，就是确定拍摄地点后，由参赛者自定主题进行拍摄，提交主题组照。

作品一：

如图 12—6 至图 12—10 所示，此作品由"第三届海峡两岸大学生职业技能大赛摄影技能比赛"一等奖获得者——台湾圣约翰科技大学潘玮昕拍摄。

主题名称：何日君归来

主题故事：有一对非常恩爱的夫妻，因为战争，彼此分离。在那动荡不安的岁月，妻子每日梳妆打扮，盼着丈夫归来。

图 12—6　作品一之 1/5

图 12-7　作品一之 2/5

图 12-8　作品一之 3/5

图 12-9　作品一之 4/5

图 12-10　作品一之 5/5

作品二：

如图 12-11 至图 12-15
所示，此作品由"第三届海
峡两岸大学生职业技能大赛
摄影技能比赛"一等奖获得
者——漳州职业技术学院郑
镇拍摄。

主题名称：人生，那片
芦苇

主题故事：人生就像芦
苇丛，为的就是那一捧黄土、
一缕阳光，不论自己身杆多
么脆弱，不论身上压的钢筋
是多么沉重，不论手上是否
紧紧拽着自己的伤痛，都像
芦苇草一样，压弯腰也要向
上生长，只是为了那片黄土，
为了那缕夕阳，为了那丝微
笑，为了远方爱着的人。

图 12-11　作品二之 1/5

图 12-12　作品二之 2/5

图 12-13　作品二之 3/5

图 12-14　作品二之 4/5

图 12-15　作品二之 5/5

2. 先定主题，再定拍摄地点和内容

先定主题，再定拍摄地点和内容的拍摄较为常见，拍摄地点和内容的选择也比较灵活。如以"高校大学生生活"为主题，既可以在北京大学拍摄，也可以在厦门大学或其他高校拍摄。

这种拍摄在摄影比赛中也常见。例如，"中华美·海峡情"第三届海峡两岸大学生摄影大赛要求参赛者以"中华美·海峡情"为主题，提倡表达闽台两地"五缘"关系，传递两岸大学生的风采，抒写和谐校园的文化篇章等。

思考题

1. 拍摄个人写真时需要注意些什么？

2. 选择主题摄影背景时应注意什么？

3. 拍摄主题组照的基本要求有哪些？

学习情境十三
手机摄影

项目一　手机摄影基础

 任务一　认识手机摄影

任务导入	手机是现代人必不可少的通信工具，手机摄影更为人们所喜爱，给人们带来无穷的乐趣。
任务目标	认识手机摄影的优势与劣势；掌握手机摄影的基本拍摄要求。

　　手机是现代人必不可少的通信工具，同时也成为最便捷的拍摄工具。人们随时可以用手机把看到的画面拍下来。手机摄影的便利让人们用一种更平和、更细腻、更朴实的心态来观察并记录生活中的点点滴滴。

一、手机摄影

　　手机摄影是指以带有摄影功能的手机作为摄影工具进行摄影。手机摄影不仅仅是简单地将景物拍下来,还需要拍摄者有一定的运用画面语言进行表达的能力,掌握构图、用光的技巧等。随着手机拍摄功能的日益成熟以及手机价格的平民化,手机摄影被越来越多的人接受并使用。摄影作为一种迅速普及的兴趣爱好，它不仅是一种简单的休闲和娱乐，重要的是它能让人们停下脚步，用摄影的方法观察身边的人和事，用全新的角度来欣赏生活。如何用手机拍摄出好照片、好作品，成为许多摄影爱好者和普通大众迫切需要了解的问题。

二、手机摄影与数码相机摄影的区别

手机摄影和数码相机摄影在概念上是相通的，两者最大的区别就是载体的不同，一种是带有拍摄功能的手机，一种是数字式相机。两者在体型、大小、功能和用途上都有很大的不同。

三、手机摄影的优势与劣势

（一）优势

1. 便携

手机体型小巧，携带方便，而且由于通信的需要，我们几乎随时都将它放在手边。只要带着手机，我们就能随时随地拍下自己想拍的景物。

2. 快捷

一些稍纵即逝的画面，用手机拍摄就简单许多。因为用手机可以很快地进入拍摄界面，自动调出拍照功能和测光，能让我们很快地进行摄影操作。

（二）劣势

1. 像素不够

与专业数码相机几千万甚至上亿的像素相比，手机的像素就显得逊色许多。

2. 画质较差

受感光器件等硬件因素的影响，手机拍照功能的各方面品质都会受到限制，画质自然就比较粗糙。其拍照功能也没有数码相机丰富、强大。

3. 受环境光线影响大

在光线充足的条件下，用手机拍摄，通常能拍出效果不错的照片。但是如果在晚上或者在逆光条件下，手机的"适应能力"就没有数码相机好，拍出的照片会因为光线原因而不尽如人意。

任务二　手机摄影的基本要求

任务导入	手机摄影是区别于数码相机摄影的一种新型的、大众化的摄影，正确使用手机摄影能给我们的生活带来无限精彩。
任务目标	通过学习手机摄影的正确方法，掌握手机摄影的基本步骤。

一、手机摄影的正确方法

（一）稳定的持握姿势

（1）拍摄时可视需要采用横构图或竖构图。横构图时，双手握住手机两侧（如图13-1所示）；竖构图时，可以一只手持手机，另一只手虚扶（如图13-2所示）。

（2）用左手拇指负责屏幕左侧区域的对焦点位置。

（3）双手握住手机，右手大拇指负责按快门键。

（二）手机摄影的注意事项

（1）当我们在行走中发现想要拍摄的景物时，不要边走边拍，一定要停下来拍摄。

（2）不能仅用一只手拿手机拍摄，这样不能保证手机稳定。单手点击快门很容易引起手机抖动，造成画面虚糊。

（3）拍摄时手指不要挡住镜头。

图 13-1　双手握住手机两侧

图 13-2　单手持机

二、正确对焦

很多人一看到想要拍摄的景物就直接打开手机拍照功能快速拍摄，结果拍出来的画面模糊，大多数是因为人们忽略了手机摄影也是需要对焦的（如图 13-3 所示）。

用手机拍摄时需要一个短暂的对焦过程，当用手机镜头对准被摄主体后，用拇指轻点屏幕就会有一个对焦框显示出来（如图 13-4 所示），这时我们可以看到屏幕的对焦过程，当屏幕对焦清晰后，保持手机稳定并按下快门，我们就能得到一张画面清晰的照片。

　　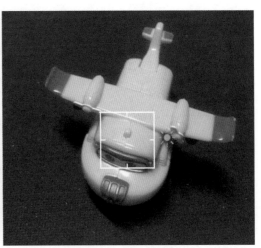

图 13-3　未对焦　　　　　　　　　　图 13-4　对焦后拍摄

三、曝光正确

不管是手机摄影还是数码相机摄影，曝光对摄影来说都是最重要的环节。用手机拍摄时，当我们看到手机屏幕上出现被摄物体时，就用拇指轻点屏幕中不同的光线区域进行测光，进行不同层次的曝光（如图 13-5 所示）。如果我们对光线还是不满意，还可以通过调整屏幕上的"小太阳"的高低来达到曝光正确。

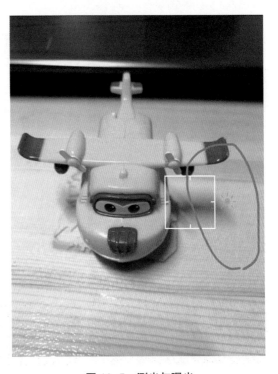

图 13-5　测光与曝光

项目二　手机摄影实践操作

任务　手机摄影的基本功能

任务导入	手机摄影的功能很多，使用也很简单。了解手机摄影的功能和使用方法，有助于我们用手机拍出满意的摄影作品。
任务目标	熟悉手机摄影的测光、曝光、全景等功能。

一、精准对焦

用手机摄影时的对焦，一般都是由手机内部自动对焦系统来完成的。打开手机的拍摄模式后，用手指点击屏幕的对焦选框，将其放在我们想拍摄的主体所在的位置，对焦框就会自动对我们所选择的拍摄主体进行对焦，这个对焦的过程我们在屏幕上都可以看到。

二、精确曝光

用手机摄影时，手机在记录画面的瞬间，其内部会对画面进行测光。手机为了获得正确的曝光参数，其测光系统会对画面中的光线、色彩等因素进行侦测。我们将手机的测光点放在想主要表现的画面区域中，这时得到的曝光才是最准确的。在拍摄模式下，我们用手指点击屏幕中需要测光的物体，系统就会自动对我们点击的位置进行曝光（如图13-6、图13-7所示）。对亮的区域进行测光和对暗的区域进行测光，得出的曝光效果是完全不一样的。

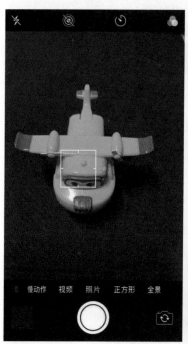

图13-6　对亮的区域进行测光　　图13-7　对暗的区域进行测光

三、调整曝光补偿

在使用手机摄影时，如果觉得画面比较暗或者比较亮，我们可以通过调整曝光补偿来增加或者减少画面的亮度。要注意的是： 调整曝光补偿要适度，以防止画面细节的丢失。

现在的大部分手机都有调整曝光补偿功能。具体操作方法是：选择好对焦点的位置后，手机屏幕上会出现一个"小太阳"的标志，轻触这个"小太阳"的同时用手指上下滑动，就可以增加或者减少曝光补偿。

四、HDR 功能

HDR 是英文 High-Dynamic Range 的缩写，意为"高动态范围"。简单地说就是，如果拍摄现场光线明暗对比较大，开启 HDR 功能可以让照片的细节都很清晰，无论是暗部细节还是亮部细节，都可以保留下来（如图 13-8、图 13-9 所示）。拍摄阴影、倒影等画面时，不太适合用 HDR 功能，因为这样会降低明暗反差。

图 13-8　未使用 HDR 功能

图 13-9　使用 HDR 功能

五、运用定时器

手机时钟中有一个很好用但是很多人都不知道的功能，那就是定时器功能。这个功能除了帮助我们倒计时之外，还可以帮助我们释放快门，方便我们自拍时使用。

手机定时器一般有2秒、3秒、5秒和10秒等不同的时间设置，具体时间因不同手机而异，其中2秒、3秒定时一般不会用于自拍，10秒定时通常用于自拍或者合影。定时器除了用于自拍外，还可用于微距拍摄花卉。

六、打开网格线

用手机摄影时，使用手机网格线可以使构图更加严谨。在安卓系统手机中，直接在拍摄界面就可以打开网格线；在苹果系统手机中，打开"设置"，选中"相机"，再打开"网格"，即开启网格线。拍摄时使用网格线，可以帮我们很好地利用三分法构图、水平线构图、黄金分割线构图等构图方法（如图13-10、图13-11所示）。

图 13-10　打开网格线

图 13-11　使用网格线拍摄

七、连拍功能

用手机摄影时，使用连拍功能可以帮我们抓拍一些精彩瞬间或者运动画面。如果使用安卓系统手机，需要在拍摄界面找到连拍模式，选择"开启"，长按快门键不放就能进行连续拍摄。一些苹果系统手机，只要按住拍摄按键不放，就可以进行连续拍摄了。

八、延时摄影

延时摄影就是把较长时间的视频压缩为很短时间的视频，这样，我们所拍摄的景物的变化过程就会在短时间内呈现出来（从视觉感受上说，即把拍摄的视频加速演示出来）。在手机拍摄界面的底端我们就能找到延时摄影模式（如图13-12所示）。注意：在拍摄过程中要保持手机的稳定。

九、手机滤镜功能

色彩对于画面的表现效果非常重要，我们可以利用手机中的滤镜功能来调整色彩或改变画面的氛围（如图13-13、图13-14所示）。

图 13-12　延时摄影

图 13-13　使用滤镜拍摄 1

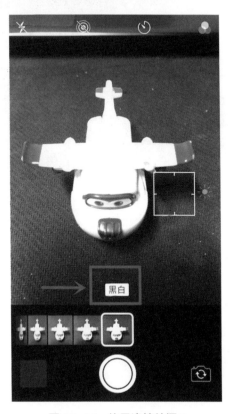

图 13-14　使用滤镜拍摄 2

十、全景模式

手机的全景模式是即拍即拼接，也就是拍摄完后手机直接自动完成全景照片，具体操作是：打开手机拍摄模式，在拍摄界面底端找到全景拍摄模式图标并点击此图标，在屏幕上就会出现水平指示箭头，按下快门键，手臂伸直，与箭头保持水平并沿着箭头所指方向移动手机进行拍摄。在拍摄过程中，如果画面显示箭头的位置高于或者低于水平线位置，我们需要将手机慢慢向下或者向上移动，让箭头回到水平线上。总之，拍摄过程中要保持手机稳定，使手机水平移动，避免手机的垂直移动或者倾斜。全景拍摄的画面内容不宜安排过多，满足拍摄者的需要即可。

用全景模式进行拍摄还有一些有趣的玩法。

1. 合照

打开全景模式，将手机固定在餐桌转盘中间，按下快门键，将转盘匀速转一圈，这样就能拍出一张有趣的聚会合照了（如图 13-15 所示）。

图 13-15　全景模式——合照

2. 分身

因为全景模式的拍摄需要一个"扫描"过程，我们可以在拍摄完第一部分画面时稍微停顿，等待人物进入第二部分画面的位置，再继续移动手机进行"扫描"，依此类推，即可拍出一张神奇的分身照片。也可以先把人物所在区域拍摄完成后，镜头保持移动，人物从箭头所指相反方向再次进入拍摄区域。只要在拍摄时间内，人物就可以多次进入画面，最终完成一个画面内多次出现同一个人物的分身照（如图 13-16 所示）。

图 13-16　全景模式——分身

思考题

1. 用手机摄影时如何对焦并曝光?

2. 用手机摄影时如何使用定时、延时、连拍功能?

3. 如何用手机的全景模式进行摄影?

参 考 文 献

[1] 杨庆强，孙勇 . 数码相片拍摄技巧与处理 : 多媒体课堂 [M]. 北京 : 北京科海电子出版社，2006.

[2] 罗伯·施帕德 . 数码摄影 [M]. 赵永华，译 . 沈阳 : 辽宁教育出版社，2006.

[3] 蔡林 . 中级摄影教程 [M]. 北京 : 电子科技大学出版社，1997.

[4] 徐国兴 . 摄影技术教程 [M]. 北京 : 中国人民大学出版社，1993.

[5] 孔繁根 . 摄影采访与图片编辑教程 [M]. 北京 : 中国人民大学出版社，1995.

[6] 徐忠民 . 大学摄影 [M]. 北京 : 高等教育出版社，2005.

[7] 颜志刚 . 数码摄影教程 [M]. 上海 : 复旦大学出版社，2004.

[8] 张小纲，陈振刚 . 摄影 [M]. 北京 : 高等教育出版社，2003.

[9] 黄启智 . 摄影技术 [M]. 北京 : 北京大学出版社，2007.

[10] 陈丹丹 . 手机摄影技法宝典 [M]. 北京 : 人民邮电出版社，2017.

[11] 雷波 . 手机摄影从入门到精通 [M]. 北京 : 化学工业出版社，2017.

[12] 麻团张 . 手机摄影手册 [M]. 北京 : 北京大学出版社，2017.